全国职业院校机械类专业通用教材

焊工技能训练图册（第二版）

米光明 主编

中国劳动社会保障出版社

简介

本图册分为基本技能训练、综合技能训练、初级工技能考核、中级工技能考核、评分标准五部分，涵盖国家职业技能标准《焊工（2018 年版）》中的技能要求，图例丰富多样，贴近生产实际，内容循序渐进，在教学上具有良好的操作性。

本图册既可作为相关技能训练教材的配套用书，也可作为培训教材单独使用。

本图册由米光明任主编，刘泽宇任副主编，夏洪雷、李冰、李媛、王华江、周华、咸晓燕、高立瑞参加编写，王雪任主审。

图书在版编目(CIP)数据

焊工技能训练图册 / 米光明主编 . --2 版 . -- 北京：中国劳动社会保障出版社，2021
全国职业院校机械类专业通用教材
ISBN 978-7-5167-2253-4

Ⅰ. ①焊… Ⅱ. ①米… Ⅲ. ①焊接 - 职业教育 - 教材 Ⅳ. ①TG4

中国版本图书馆 CIP 数据核字（2021）第 069192 号

中国劳动社会保障出版社出版发行
（北京市惠新东街 1 号 邮政编码：100029）
*
三河市潮河印业有限公司印刷装订 新华书店经销
787 毫米 ×1092 毫米 16 开本 7.25 印张 152 千字
2021 年 5 月第 2 版 2025 年 12 月第 5 次印刷
定价：15.00 元

营销中心电话：400-606-6496
出版社网址：http://www.class.com.cn
http://jg.class.com.cn

目　录

基本技能训练

一、定点引弧

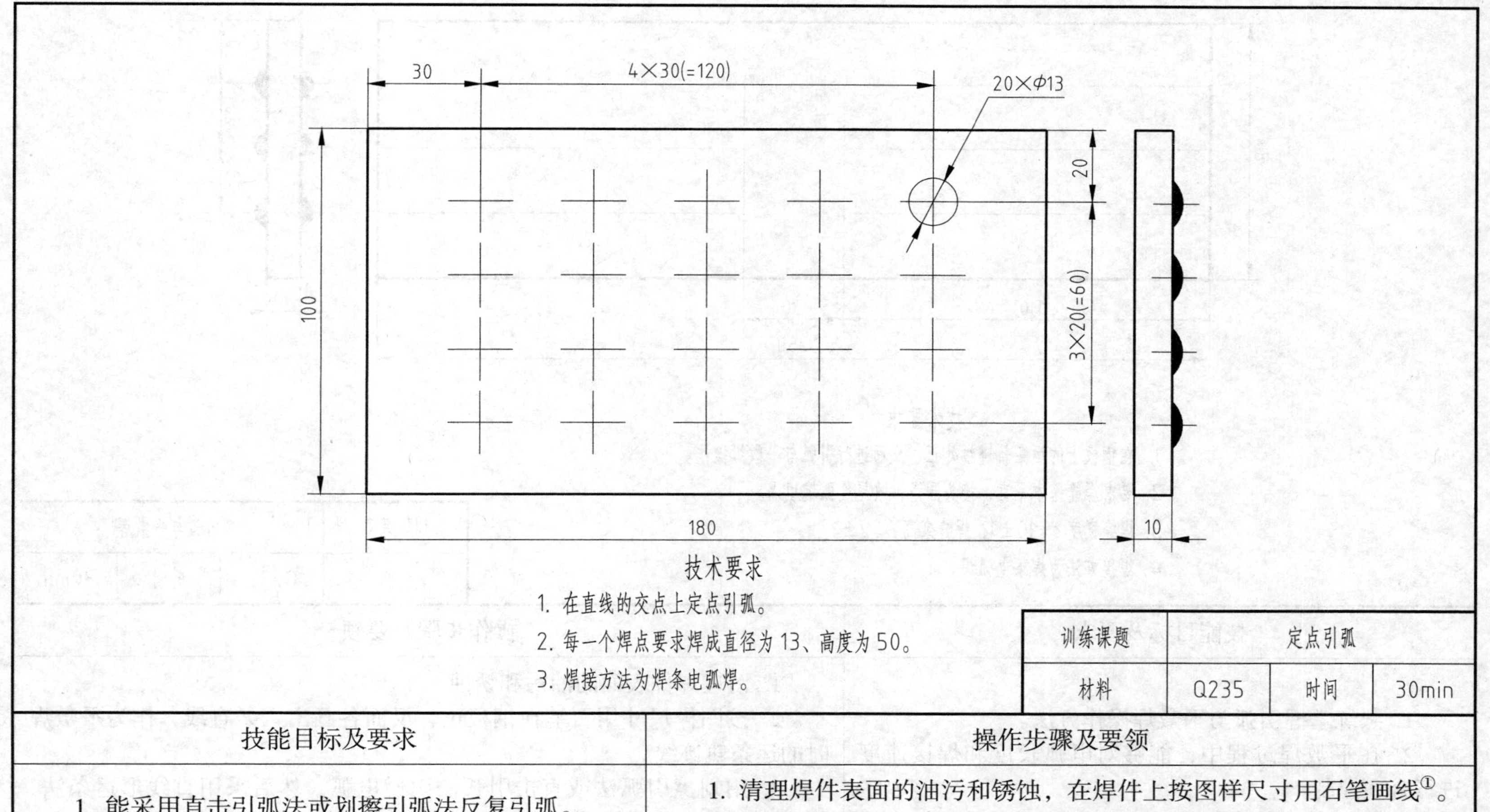

训练课题	定点引弧		
材料	Q235	时间	30min

技能目标及要求	操作步骤及要领
1. 能采用直击引弧法或划擦引弧法反复引弧。 2. 控制弧长为 2 ~ 4 mm。 3. 了解 E4303 型和 E5015 型焊条的工艺性能。	1. 清理焊件表面的油污和锈蚀，在焊件上按图样尺寸用石笔画线①。 2. 在直线的交点上用 E4303 型或 E5015 型焊条引弧，引弧后，保持约为焊条直径的弧长。焊成直径约为 13 mm 的焊点，不断地引弧、熄弧，直至达到 50 mm 的高度，如此不断地反复操作，完成若干个焊点。

①本书焊缝均采用石笔画线，在图样上用细实线表示。

二、引弧与平敷焊

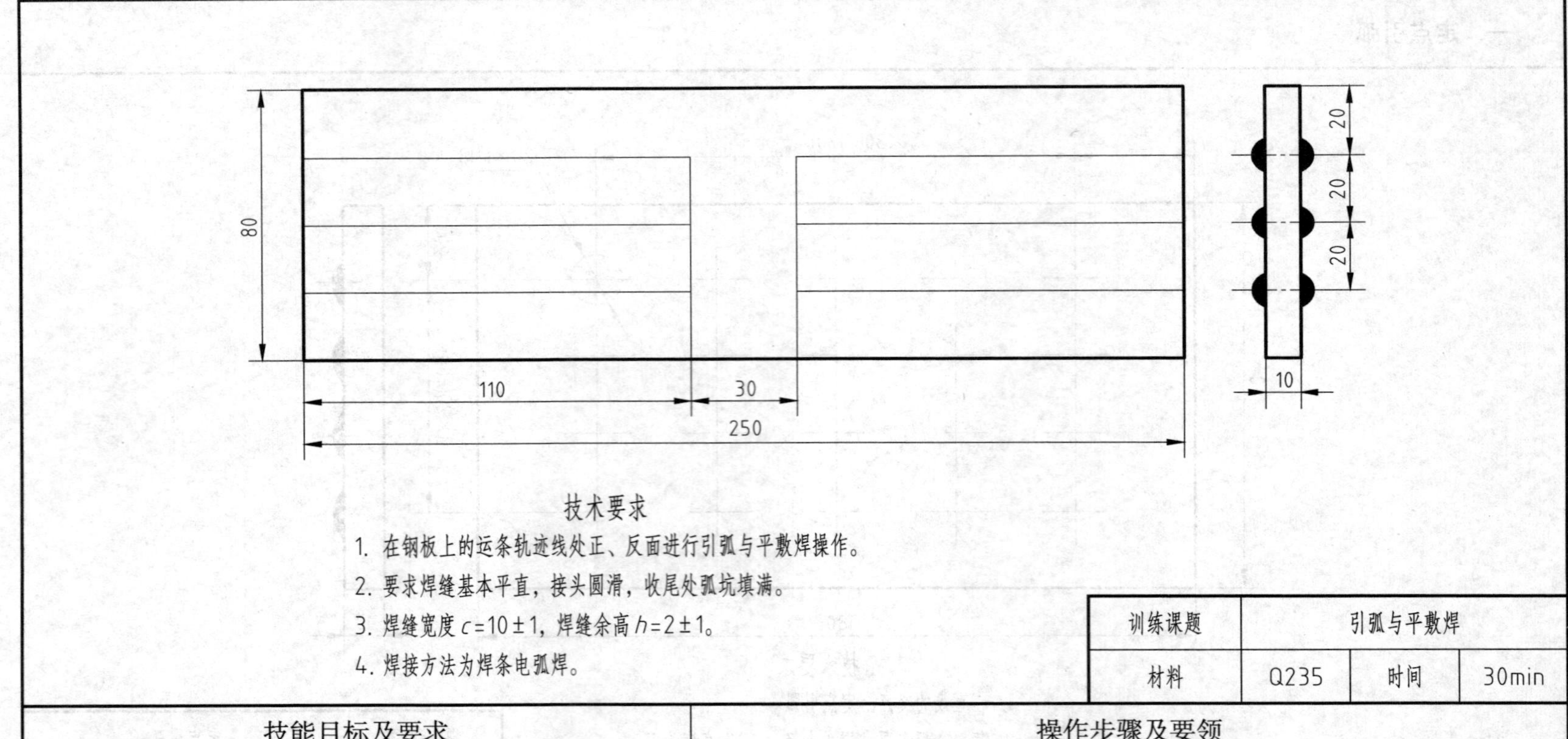

技能目标及要求	操作步骤及要领
1. 熟练掌握引弧与平敷焊操作方法。 2. 在平敷焊过程中，能够对电弧长度和焊接速度进行合理控制。 3. 能正确调节焊接电流。 4. 尝试识别熔渣与熔敷金属在熔化状态时的颜色。	1. 清理焊件表面的油污和锈蚀。 2. 按图样尺寸用石笔在钢板正、反面各画出六条直线，作为平敷焊时的运条轨迹线。 3. 用划擦引弧法或直击引弧法引燃电弧，然后采用直线形运条法、锯齿形运条法、月牙形运条法和圆圈形运条法进行平敷焊，并进行焊缝的起头、接头及收尾训练。 4. 清理焊件，检查焊接质量。

三、平敷焊

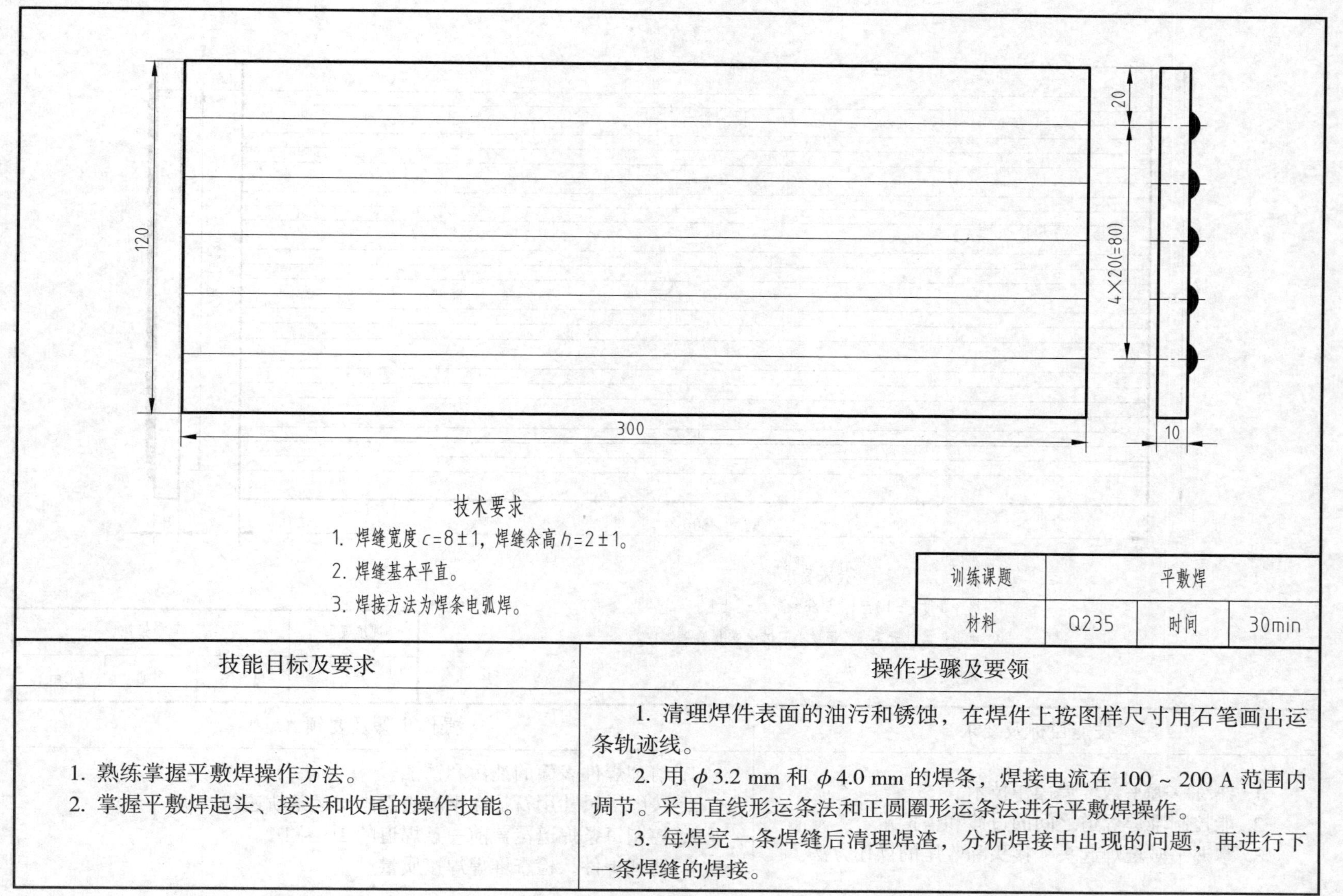

技术要求

1. 焊缝宽度 $c=8\pm1$，焊缝余高 $h=2\pm1$。
2. 焊缝基本平直。
3. 焊接方法为焊条电弧焊。

训练课题	平敷焊		
材料	Q235	时间	30min

技能目标及要求	操作步骤及要领
1. 熟练掌握平敷焊操作方法。 2. 掌握平敷焊起头、接头和收尾的操作技能。	1. 清理焊件表面的油污和锈蚀，在焊件上按图样尺寸用石笔画出运条轨迹线。 2. 用 ϕ3.2 mm 和 ϕ4.0 mm 的焊条，焊接电流在 100 ~ 200 A 范围内调节。采用直线形运条法和正圆圈形运条法进行平敷焊操作。 3. 每焊完一条焊缝后清理焊渣，分析焊接中出现的问题，再进行下一条焊缝的焊接。

四、平敷堆焊

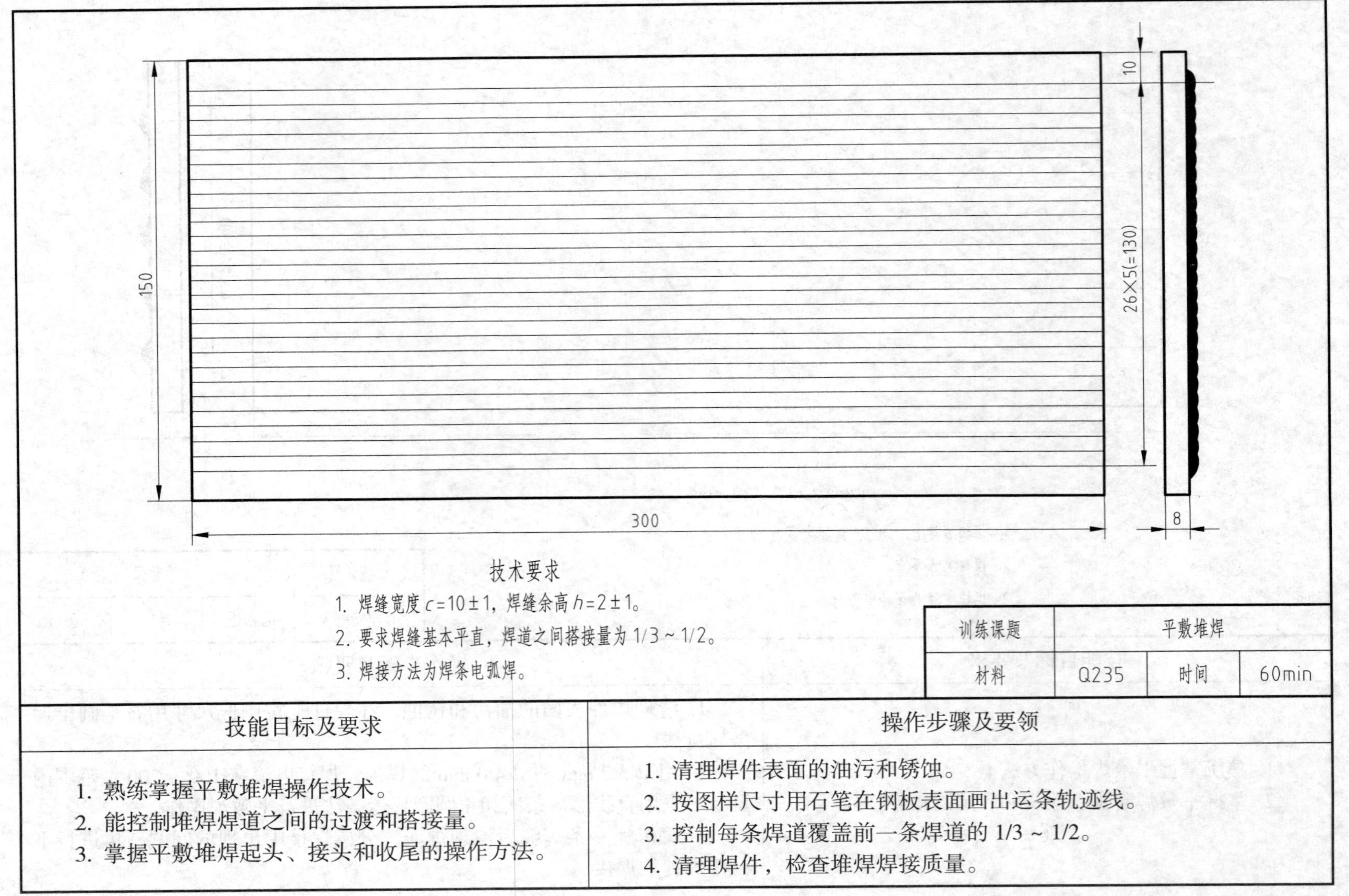

技术要求

1. 焊缝宽度 $c=10\pm1$，焊缝余高 $h=2\pm1$。
2. 要求焊缝基本平直，焊道之间搭接量为 1/3 ~ 1/2。
3. 焊接方法为焊条电弧焊。

训练课题	平敷堆焊		
材料	Q235	时间	60min

技能目标及要求	操作步骤及要领
1. 熟练掌握平敷堆焊操作技术。 2. 能控制堆焊焊道之间的过渡和搭接量。 3. 掌握平敷堆焊起头、接头和收尾的操作方法。	1. 清理焊件表面的油污和锈蚀。 2. 按图样尺寸用石笔在钢板表面画出运条轨迹线。 3. 控制每条焊道覆盖前一条焊道的 1/3 ~ 1/2。 4. 清理焊件，检查堆焊焊接质量。

五、板对接平焊双面焊

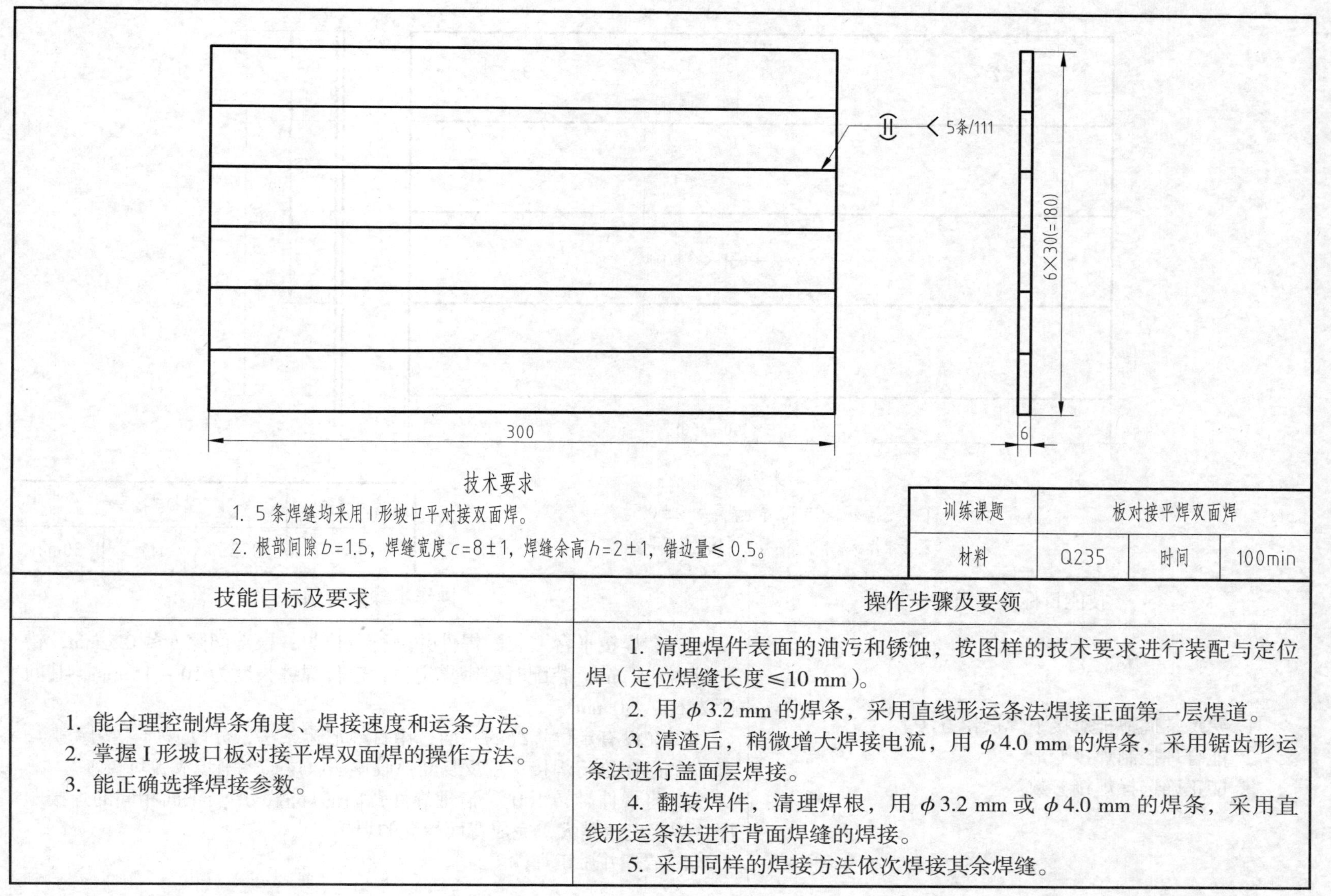

技术要求

1. 5条焊缝均采用I形坡口平对接双面焊。
2. 根部间隙 b=1.5，焊缝宽度 c=8±1，焊缝余高 h=2±1，错边量≤0.5。

训练课题	板对接平焊双面焊		
材料	Q235	时间	100min

技能目标及要求	操作步骤及要领
1. 能合理控制焊条角度、焊接速度和运条方法。 2. 掌握I形坡口板对接平焊双面焊的操作方法。 3. 能正确选择焊接参数。	1. 清理焊件表面的油污和锈蚀，按图样的技术要求进行装配与定位焊（定位焊缝长度≤10 mm）。 2. 用 ϕ3.2 mm 的焊条，采用直线形运条法焊接正面第一层焊道。 3. 清渣后，稍微增大焊接电流，用 ϕ4.0 mm 的焊条，采用锯齿形运条法进行盖面层焊接。 4. 翻转焊件，清理焊根，用 ϕ3.2 mm 或 ϕ4.0 mm 的焊条，采用直线形运条法进行背面焊缝的焊接。 5. 采用同样的焊接方法依次焊接其余焊缝。

六、薄板对接平焊

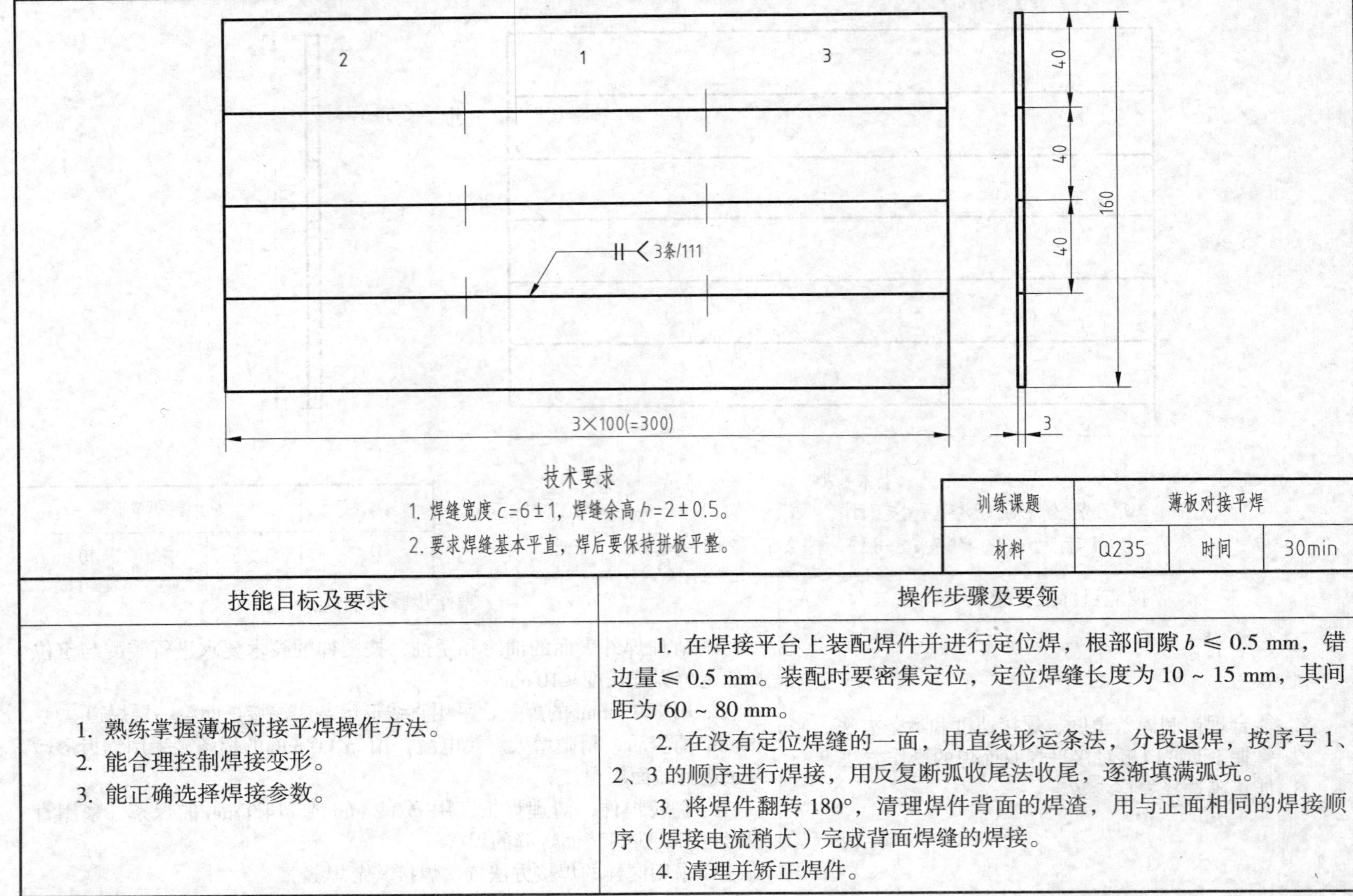

技术要求

1. 焊缝宽度 $c=6\pm1$，焊缝余高 $h=2\pm0.5$。
2. 要求焊缝基本平直，焊后要保持拼板平整。

训练课题	薄板对接平焊		
材料	Q235	时间	30min

技能目标及要求	操作步骤及要领
1. 熟练掌握薄板对接平焊操作方法。 2. 能合理控制焊接变形。 3. 能正确选择焊接参数。	1. 在焊接平台上装配焊件并进行定位焊，根部间隙 $b\leqslant0.5$ mm，错边量≤ 0.5 mm。装配时要密集定位，定位焊缝长度为 10 ~ 15 mm，其间距为 60 ~ 80 mm。 2. 在没有定位焊缝的一面，用直线形运条法，分段退焊，按序号 1、2、3 的顺序进行焊接，用反复断弧收尾法收尾，逐渐填满弧坑。 3. 将焊件翻转 180°，清理焊件背面的焊渣，用与正面相同的焊接顺序（焊接电流稍大）完成背面焊缝的焊接。 4. 清理并矫正焊件。

七、平板拼接焊

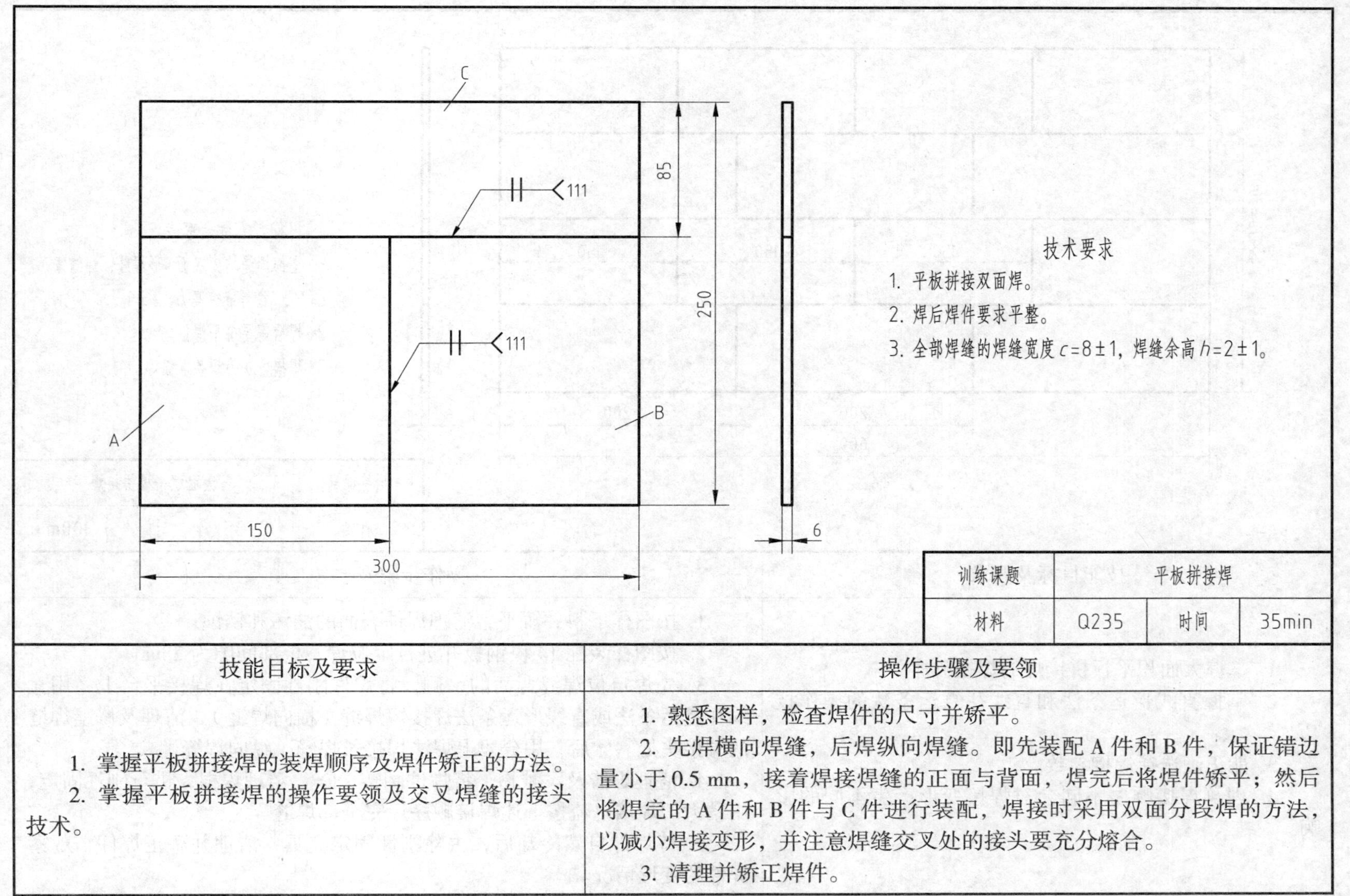

训练课题	平板拼接焊		
材料	Q235	时间	35min

技能目标及要求	操作步骤及要领
1. 掌握平板拼接焊的装焊顺序及焊件矫正的方法。 2. 掌握平板拼接焊的操作要领及交叉焊缝的接头技术。	1. 熟悉图样，检查焊件的尺寸并矫平。 2. 先焊横向焊缝，后焊纵向焊缝。即先装配 A 件和 B 件，保证错边量小于 0.5 mm，接着焊接焊缝的正面与背面，焊完后将焊件矫平；然后将焊完的 A 件和 B 件与 C 件进行装配，焊接时采用双面分段焊的方法，以减小焊接变形，并注意焊缝交叉处的接头要充分熔合。 3. 清理并矫正焊件。

八、大面积平板拼接焊

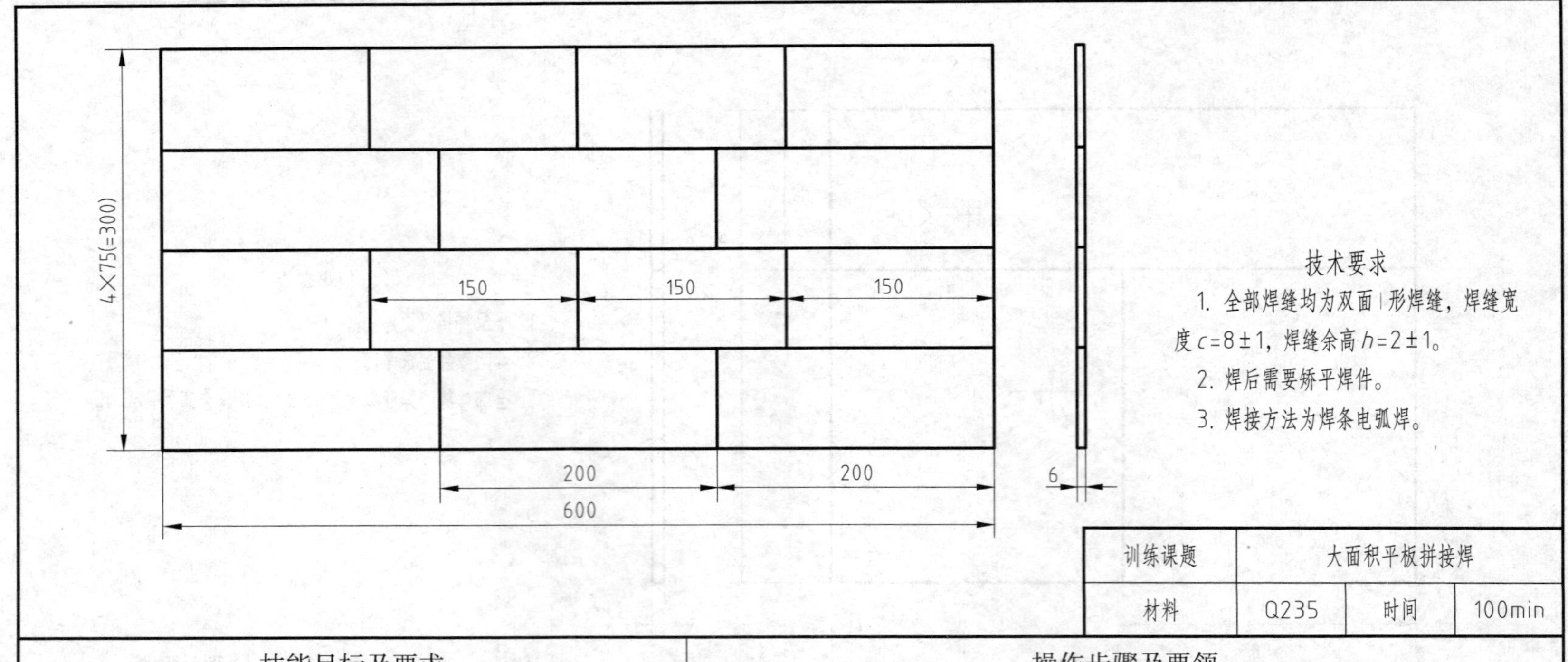

技能目标及要求	操作步骤及要领
1. 掌握大面积平板拼接焊的焊接顺序。 2. 掌握直线形运条法和直线往复运条法的操作技巧。 3. 能正确选择焊接参数。 4. 理解焊接顺序不同会对焊接变形产生不同的影响。	1. 按图样下料并矫平，清理焊件表面的油污和锈蚀。 2. 按图样装配 14 块钢板并进行定位焊，根部间隙为 2 mm。 3. 先焊定位焊缝背面的一侧，将焊件刚性固定在焊接平台上，用直线往复运条法或直线形运条法焊接短焊缝（横向焊缝），清理及修整焊缝两端接头处。然后，用分段退焊法焊接长焊缝（纵向焊缝）。 4. 清理焊渣及飞溅物，将焊件翻转 180°，清理焊根，进行刚性固定，用稍大的焊接电流按上述焊接顺序焊完全部焊缝。 5. 待焊件自然冷却后，去除刚性固定夹具，清理并矫正焊件，观察焊件的变形情况。

九、十字形接头平角焊

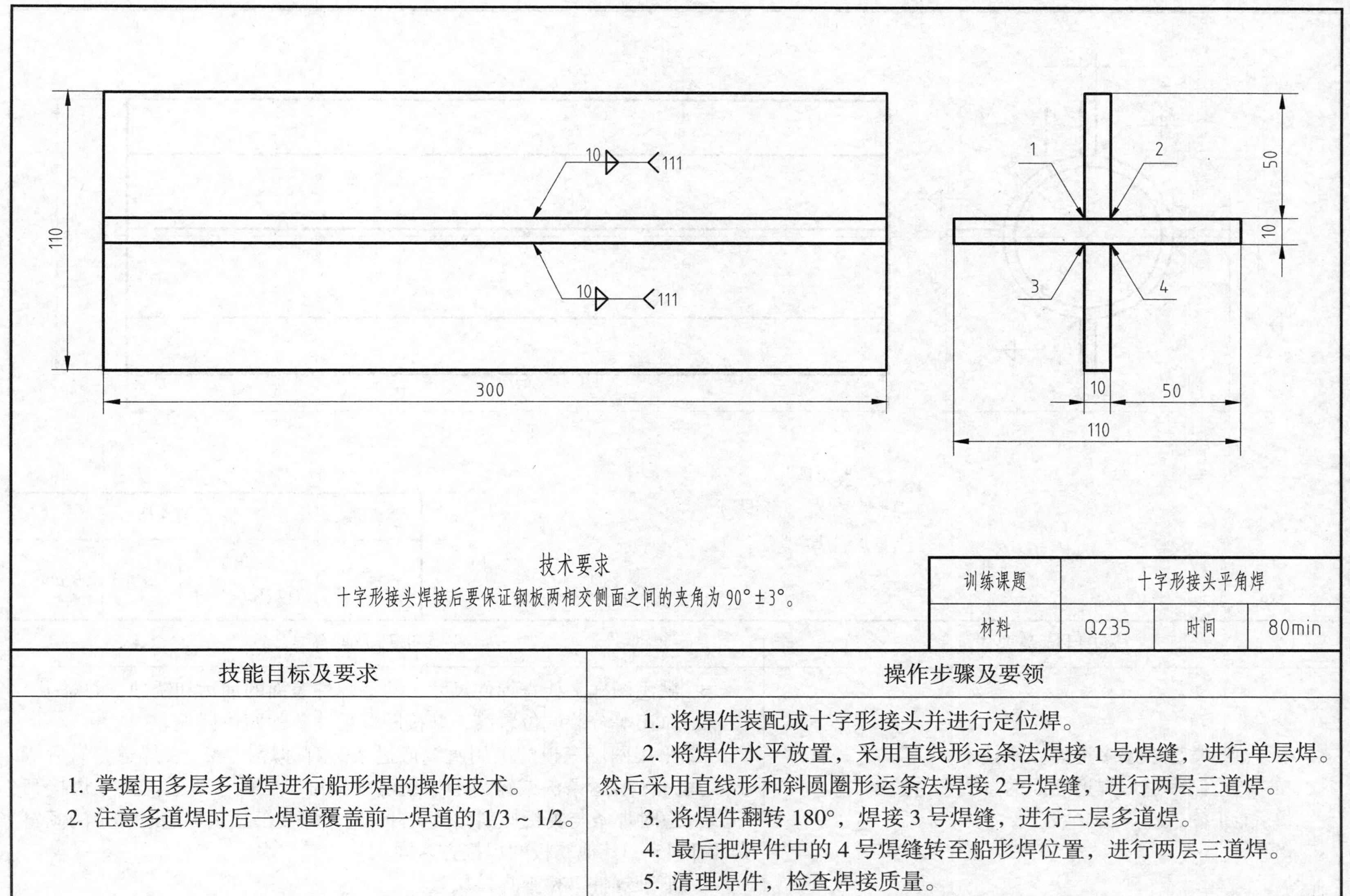

技能目标及要求	操作步骤及要领
1. 掌握用多层多道焊进行船形焊的操作技术。 2. 注意多道焊时后一焊道覆盖前一焊道的 1/3 ~ 1/2。	1. 将焊件装配成十字形接头并进行定位焊。 2. 将焊件水平放置，采用直线形运条法焊接 1 号焊缝，进行单层焊。然后采用直线形和斜圆圈形运条法焊接 2 号焊缝，进行两层三道焊。 3. 将焊件翻转 180°，焊接 3 号焊缝，进行三层多道焊。 4. 最后把焊件中的 4 号焊缝转至船形焊位置，进行两层三道焊。 5. 清理焊件，检查焊接质量。

十、平角焊

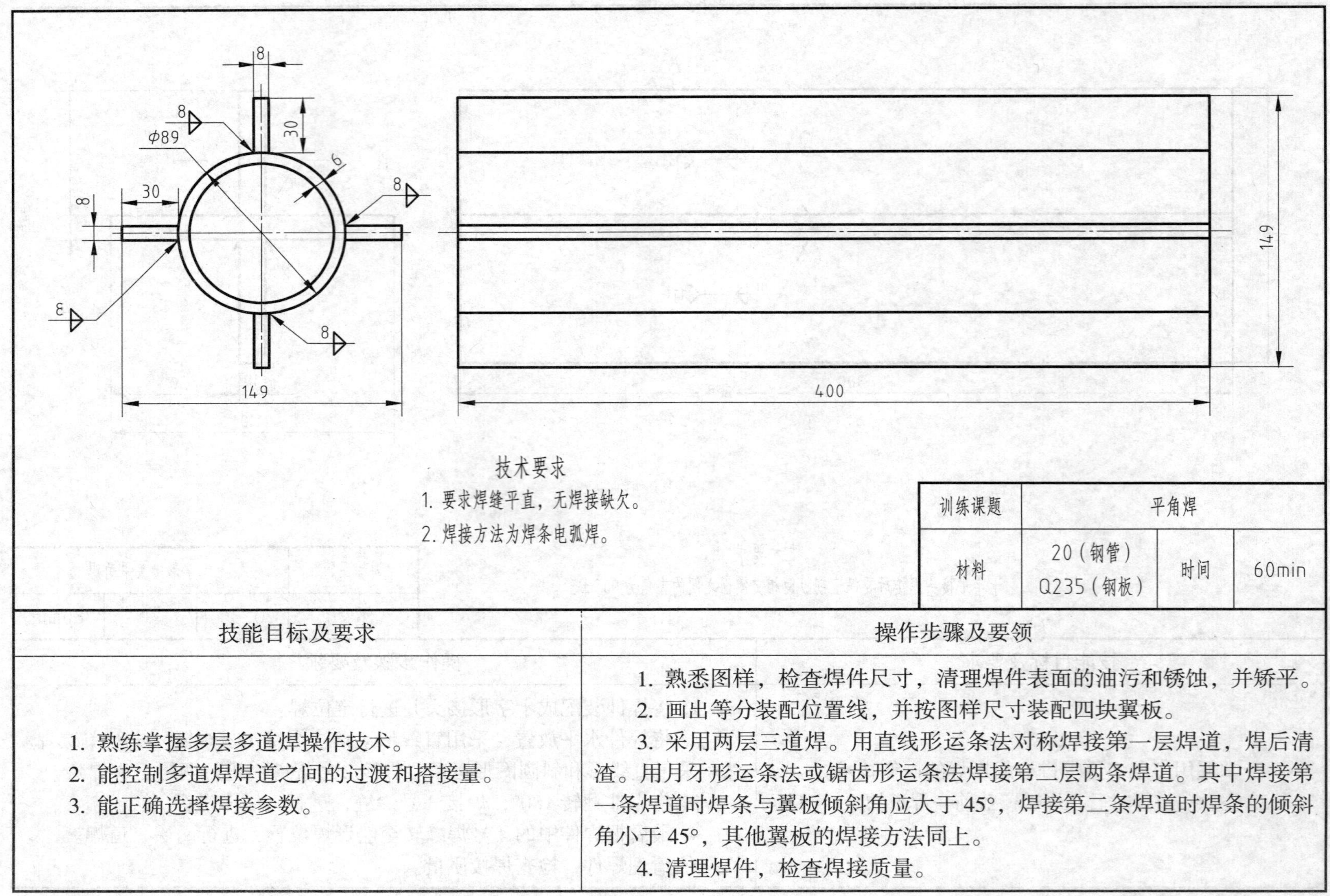

技术要求

1. 要求焊缝平直，无焊接缺欠。

2. 焊接方法为焊条电弧焊。

训练课题	平角焊		
材料	20（钢管） Q235（钢板）	时间	60min

技能目标及要求	操作步骤及要领
1. 熟练掌握多层多道焊操作技术。 2. 能控制多道焊焊道之间的过渡和搭接量。 3. 能正确选择焊接参数。	1. 熟悉图样，检查焊件尺寸，清理焊件表面的油污和锈蚀，并矫平。 2. 画出等分装配位置线，并按图样尺寸装配四块翼板。 3. 采用两层三道焊。用直线形运条法对称焊接第一层焊道，焊后清渣。用月牙形运条法或锯齿形运条法焊接第二层两条焊道。其中焊接第一条焊道时焊条与翼板倾斜角应大于45°，焊接第二条焊道时焊条的倾斜角小于45°，其他翼板的焊接方法同上。 4. 清理焊件，检查焊接质量。

十一、锻模堆焊

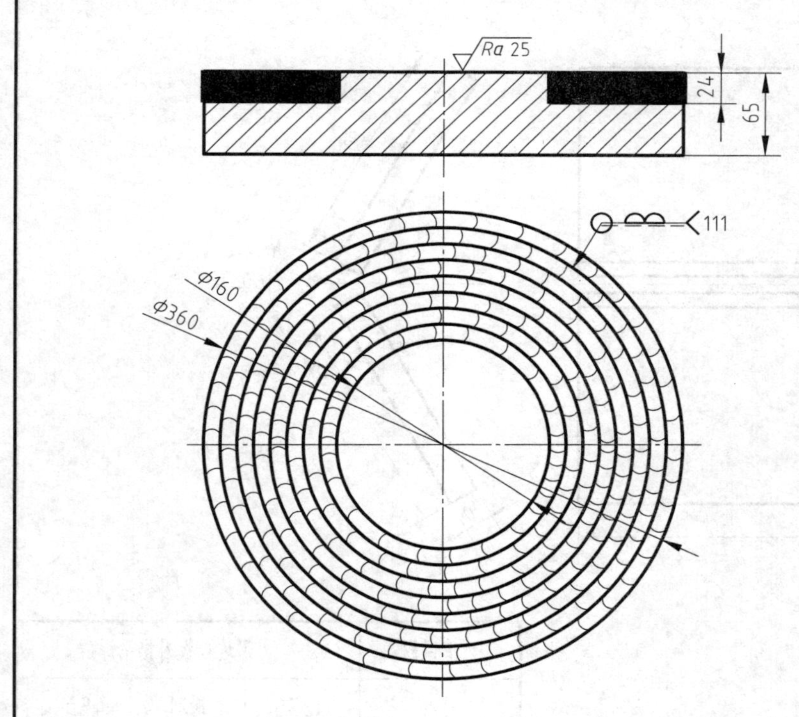

技术要求

1. 焊件焊前预热至 300 ℃。
2. 焊后经 540 ℃三次回火，堆焊层硬度不小于 60HRC。
3. 堆焊层高 26，焊后进行磨削加工至与表面平齐。
4. 焊条型号为 EDRGMoWV-A3-15（牌号为 D317），焊条直径自定。

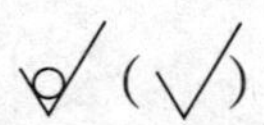

训练课题	锻模堆焊		
材料	45	时间	60min

技能目标及要求	操作步骤及要领
1. 能正确选用堆焊焊条。 2. 能采用合理的堆焊顺序。 3. 能正确选择焊接参数。	1. 清理焊件表面的油污和锈蚀。 2. 焊前预热，选用直流焊机进行连续堆焊，堆焊焊道稍高于焊件表面，留出磨削加工余量。 3. 焊后立即将焊件进行回火。 4. 检查焊接质量，焊缝表面不允许出现裂纹、气孔等缺欠，达到硬度要求。

十二、V 形坡口板对接平焊

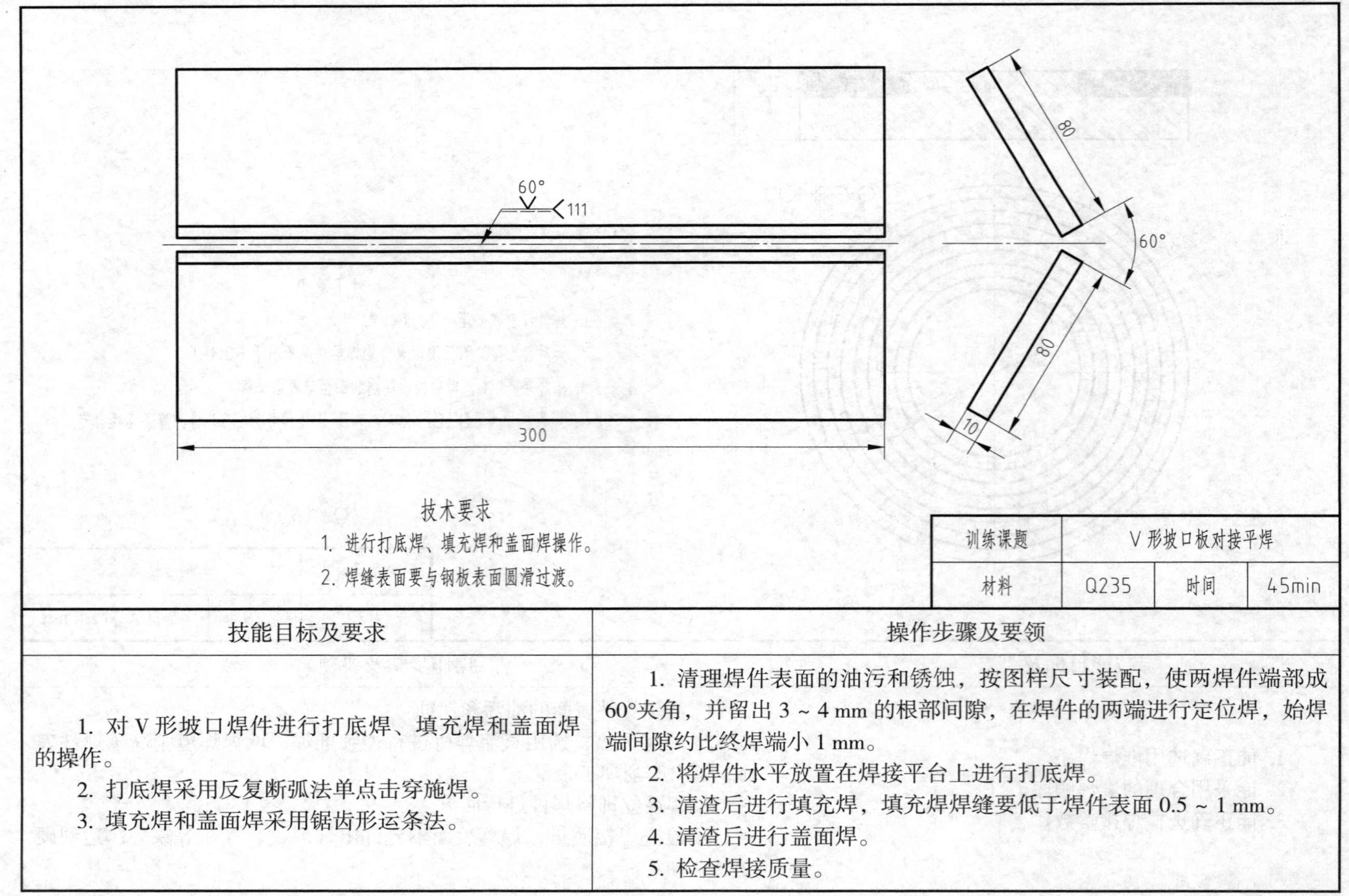

技能目标及要求	操作步骤及要领
1. 对 V 形坡口焊件进行打底焊、填充焊和盖面焊的操作。 2. 打底焊采用反复断弧法单点击穿施焊。 3. 填充焊和盖面焊采用锯齿形运条法。	1. 清理焊件表面的油污和锈蚀，按图样尺寸装配，使两焊件端部成 60°夹角，并留出 3 ~ 4 mm 的根部间隙，在焊件的两端进行定位焊，始焊端间隙约比终焊端小 1 mm。 2. 将焊件水平放置在焊接平台上进行打底焊。 3. 清渣后进行填充焊，填充焊焊缝要低于焊件表面 0.5 ~ 1 mm。 4. 清渣后进行盖面焊。 5. 检查焊接质量。

十三、立敷焊

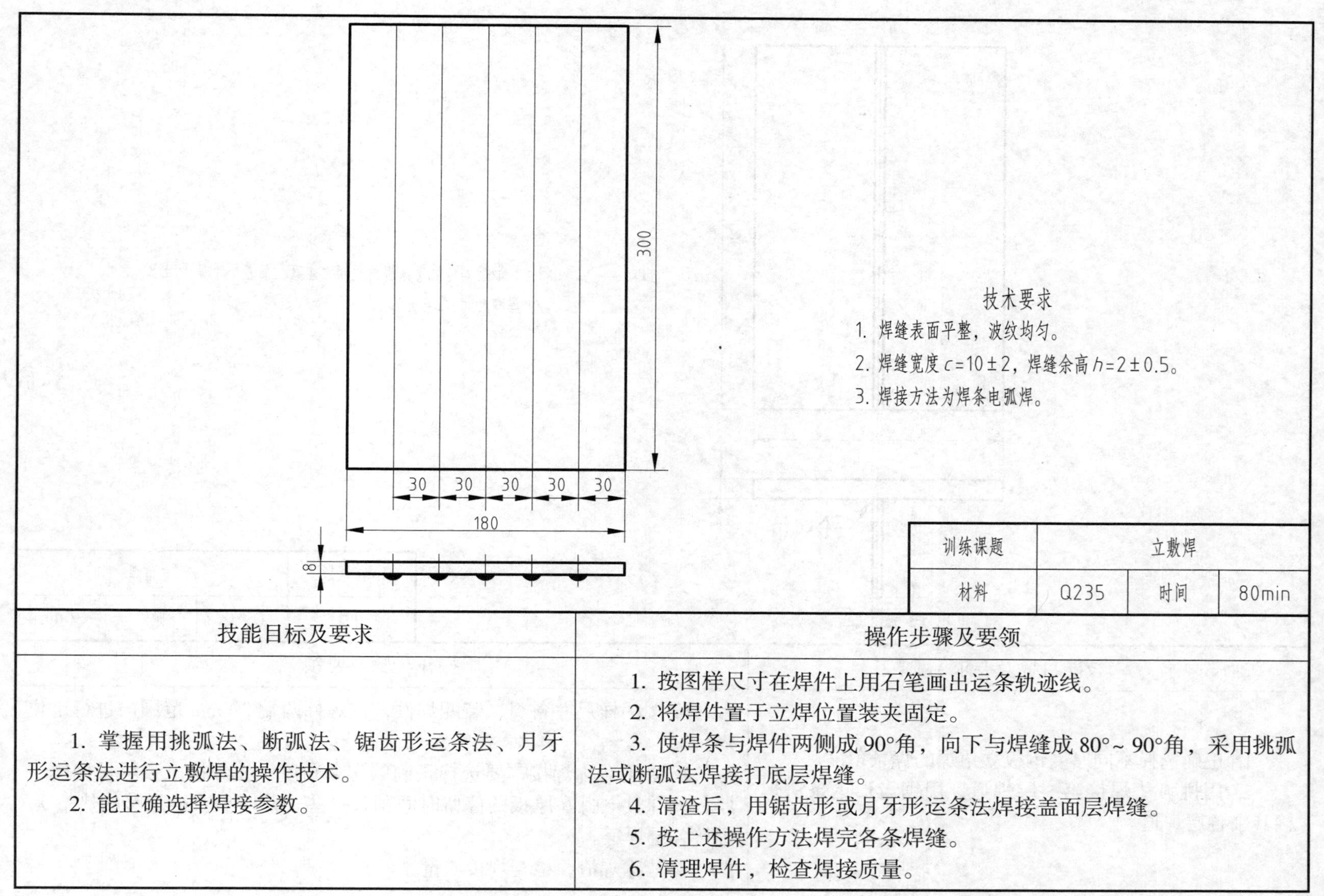

训练课题	立敷焊		
材料	Q235	时间	80min

技能目标及要求	操作步骤及要领
1. 掌握用挑弧法、断弧法、锯齿形运条法、月牙形运条法进行立敷焊的操作技术。 2. 能正确选择焊接参数。	1. 按图样尺寸在焊件上用石笔画出运条轨迹线。 2. 将焊件置于立焊位置装夹固定。 3. 使焊条与焊件两侧成 90°角，向下与焊缝成 80°～90°角，采用挑弧法或断弧法焊接打底层焊缝。 4. 清渣后，用锯齿形或月牙形运条法焊接盖面层焊缝。 5. 按上述操作方法焊完各条焊缝。 6. 清理焊件，检查焊接质量。

十四、立角焊

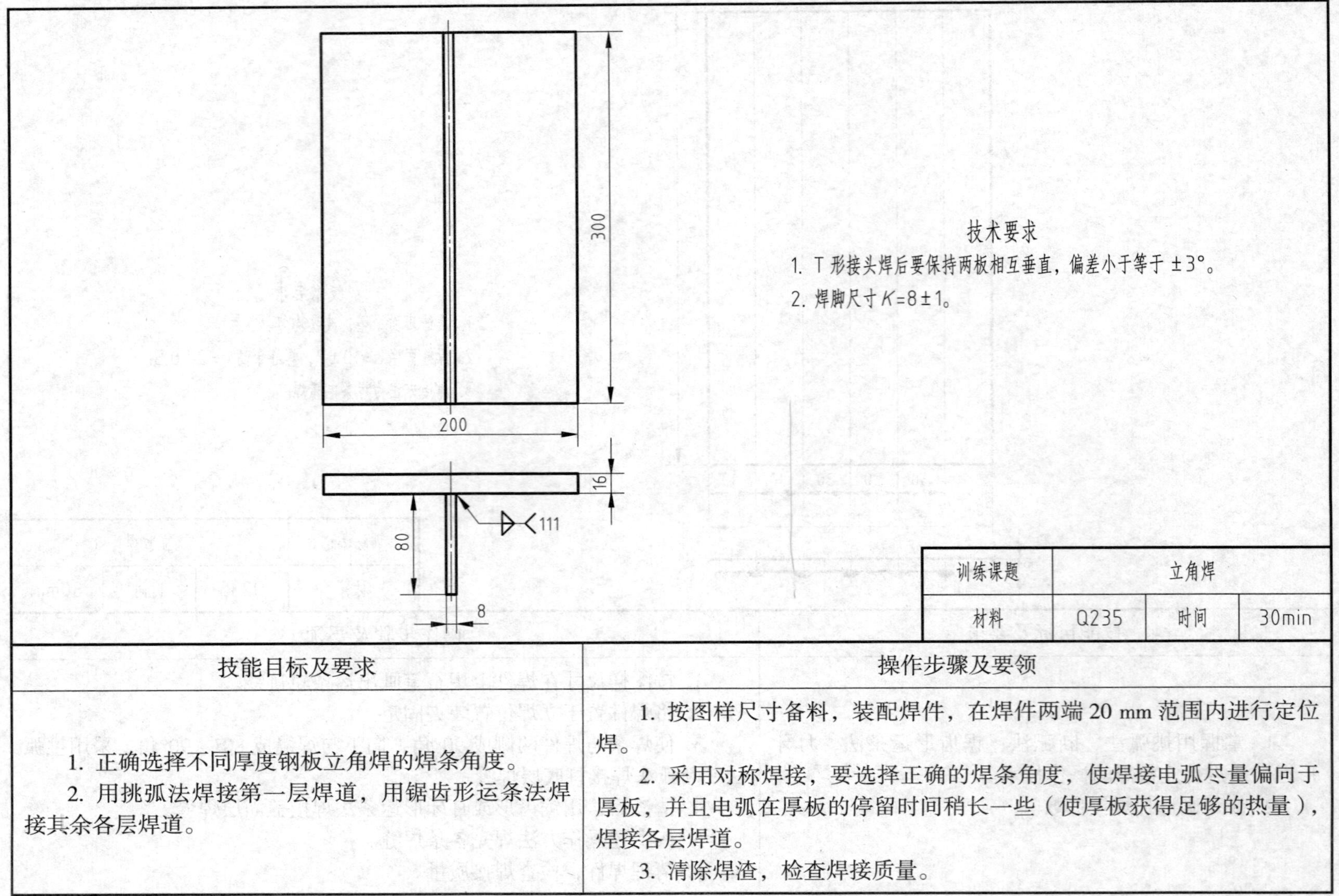

训练课题	立角焊		
材料	Q235	时间	30min

技能目标及要求	操作步骤及要领
1. 正确选择不同厚度钢板立角焊的焊条角度。 2. 用挑弧法焊接第一层焊道，用锯齿形运条法焊接其余各层焊道。	1. 按图样尺寸备料，装配焊件，在焊件两端20 mm范围内进行定位焊。 2. 采用对称焊接，要选择正确的焊条角度，使焊接电弧尽量偏向于厚板，并且电弧在厚板的停留时间稍长一些（使厚板获得足够的热量），焊接各层焊道。 3. 清除焊渣，检查焊接质量。

十五、薄板对接立焊

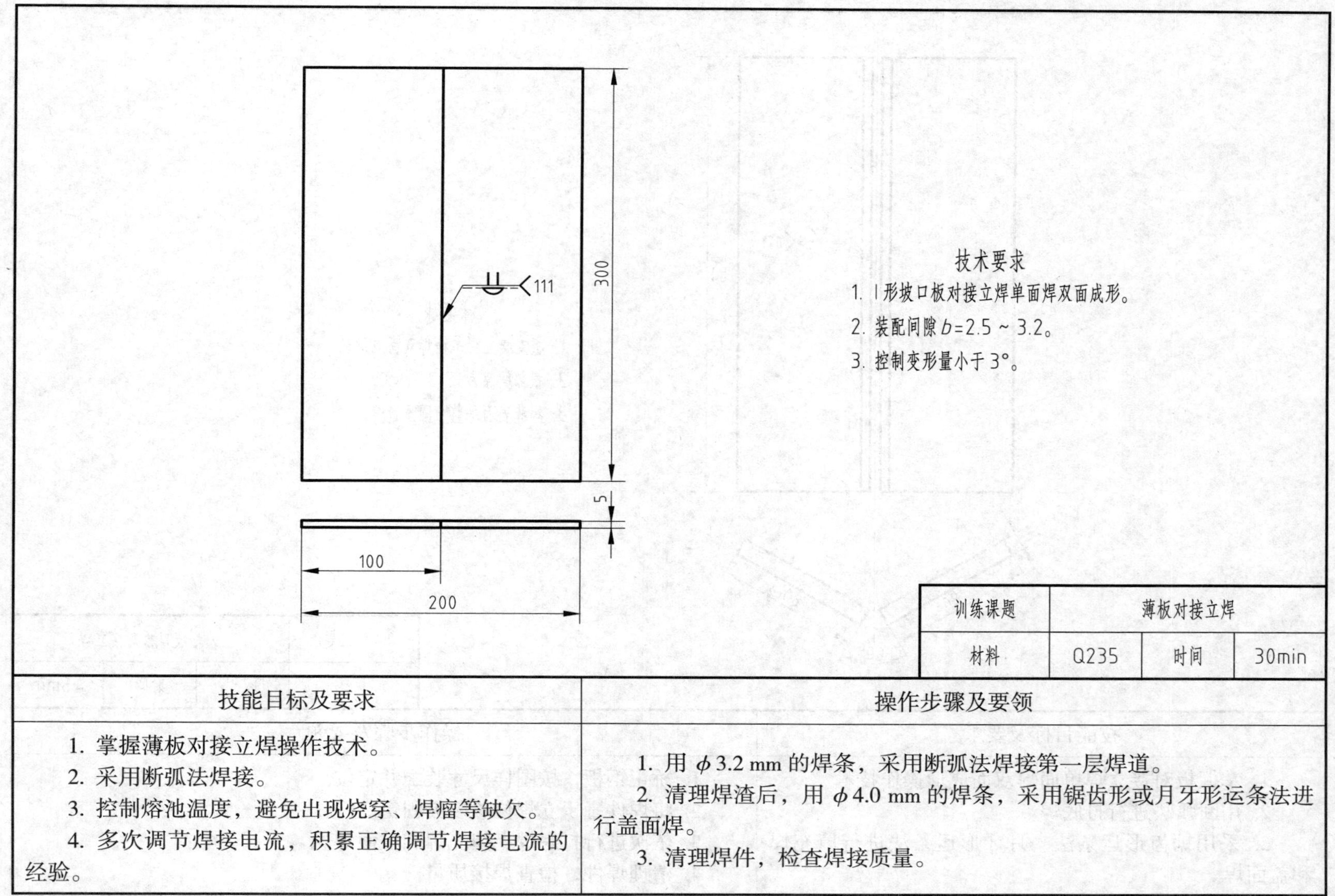

技能目标及要求	操作步骤及要领
1. 掌握薄板对接立焊操作技术。 2. 采用断弧法焊接。 3. 控制熔池温度，避免出现烧穿、焊瘤等缺欠。 4. 多次调节焊接电流，积累正确调节焊接电流的经验。	1. 用 ϕ3.2 mm 的焊条，采用断弧法焊接第一层焊道。 2. 清理焊渣后，用 ϕ4.0 mm 的焊条，采用锯齿形或月牙形运条法进行盖面焊。 3. 清理焊件，检查焊接质量。

十六、V 形坡口板对接立焊

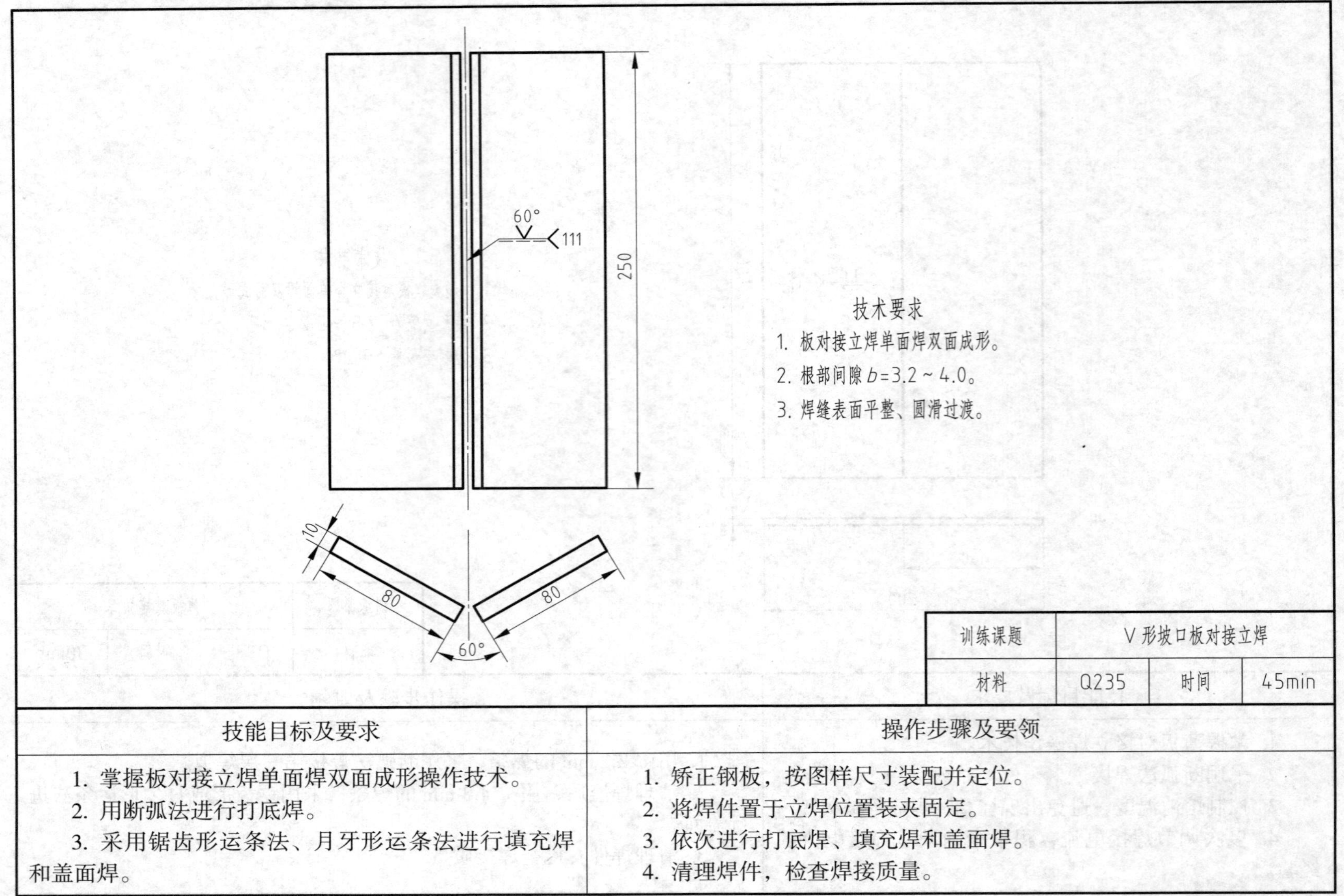

训练课题	V 形坡口板对接立焊		
材料	Q235	时间	45min

技能目标及要求	操作步骤及要领
1. 掌握板对接立焊单面焊双面成形操作技术。 2. 用断弧法进行打底焊。 3. 采用锯齿形运条法、月牙形运条法进行填充焊和盖面焊。	1. 矫正钢板，按图样尺寸装配并定位。 2. 将焊件置于立焊位置装夹固定。 3. 依次进行打底焊、填充焊和盖面焊。 4. 清理焊件，检查焊接质量。

十七、横敷堆焊

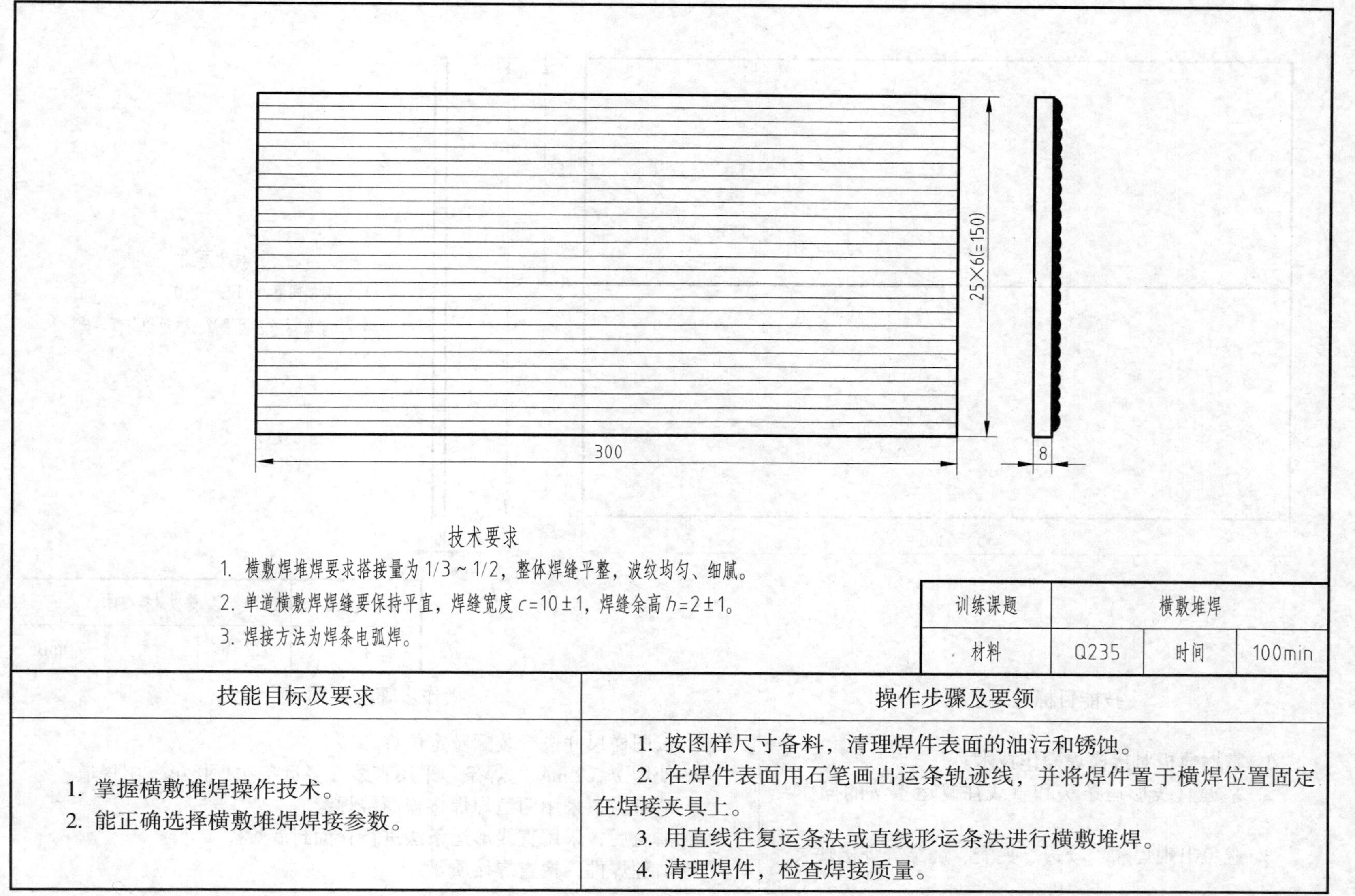

训练课题	横敷堆焊		
材料	Q235	时间	100min

技能目标及要求	操作步骤及要领
1. 掌握横敷堆焊操作技术。 2. 能正确选择横敷堆焊焊接参数。	1. 按图样尺寸备料，清理焊件表面的油污和锈蚀。 2. 在焊件表面用石笔画出运条轨迹线，并将焊件置于横焊位置固定在焊接夹具上。 3. 用直线往复运条法或直线形运条法进行横敷堆焊。 4. 清理焊件，检查焊接质量。

十八、薄板对接横焊

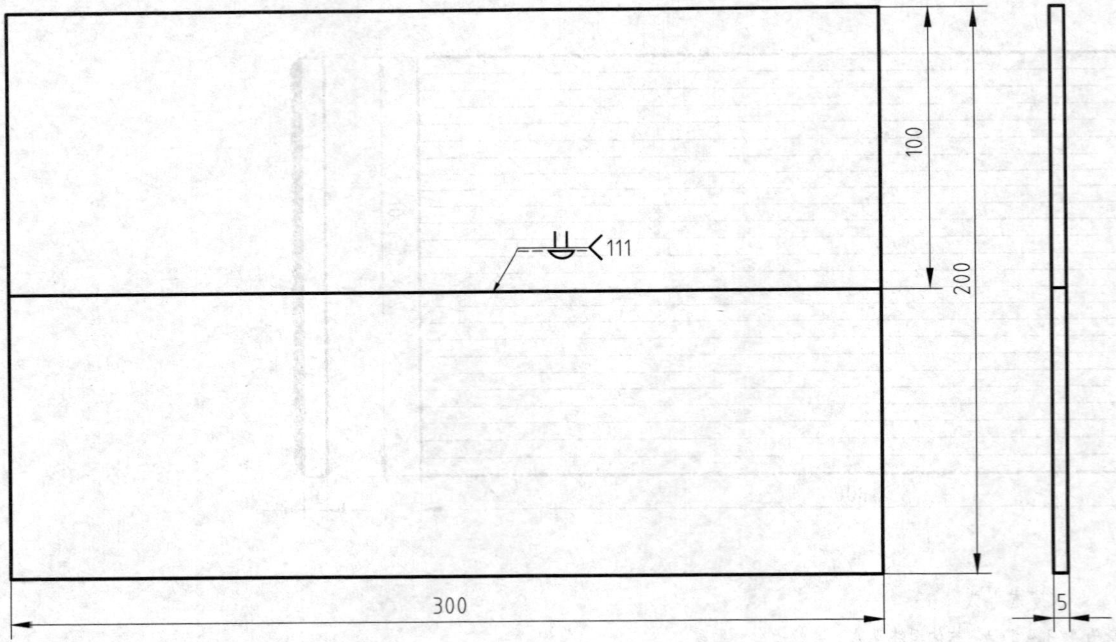

技术要求

1. 装配间隙 b=1.5～2.0。
2. 要求焊缝表面平滑，波纹均匀、一致。

训练课题	薄板对接横焊		
材料	Q235	时间	20min

技能目标及要求	操作步骤及要领
1. 掌握薄板对接横焊操作技术。 2. 掌握直线形运条法和直线往复运条法的操作要领。 3. 避免出现焊瘤、咬边、夹渣、烧穿等焊接缺欠。	1. 按图样尺寸进行装配及定位焊。 2. 使用 ϕ3.2 mm 的焊条，采用直线往复运条法焊接第一层焊道。 3. 清渣后，采用两道焊焊接盖面层焊缝。 4. 清渣后，采用直线形运条法进行背面封底焊。 5. 清理焊件，检查焊接质量。

十九、单边 V 形坡口对接横焊

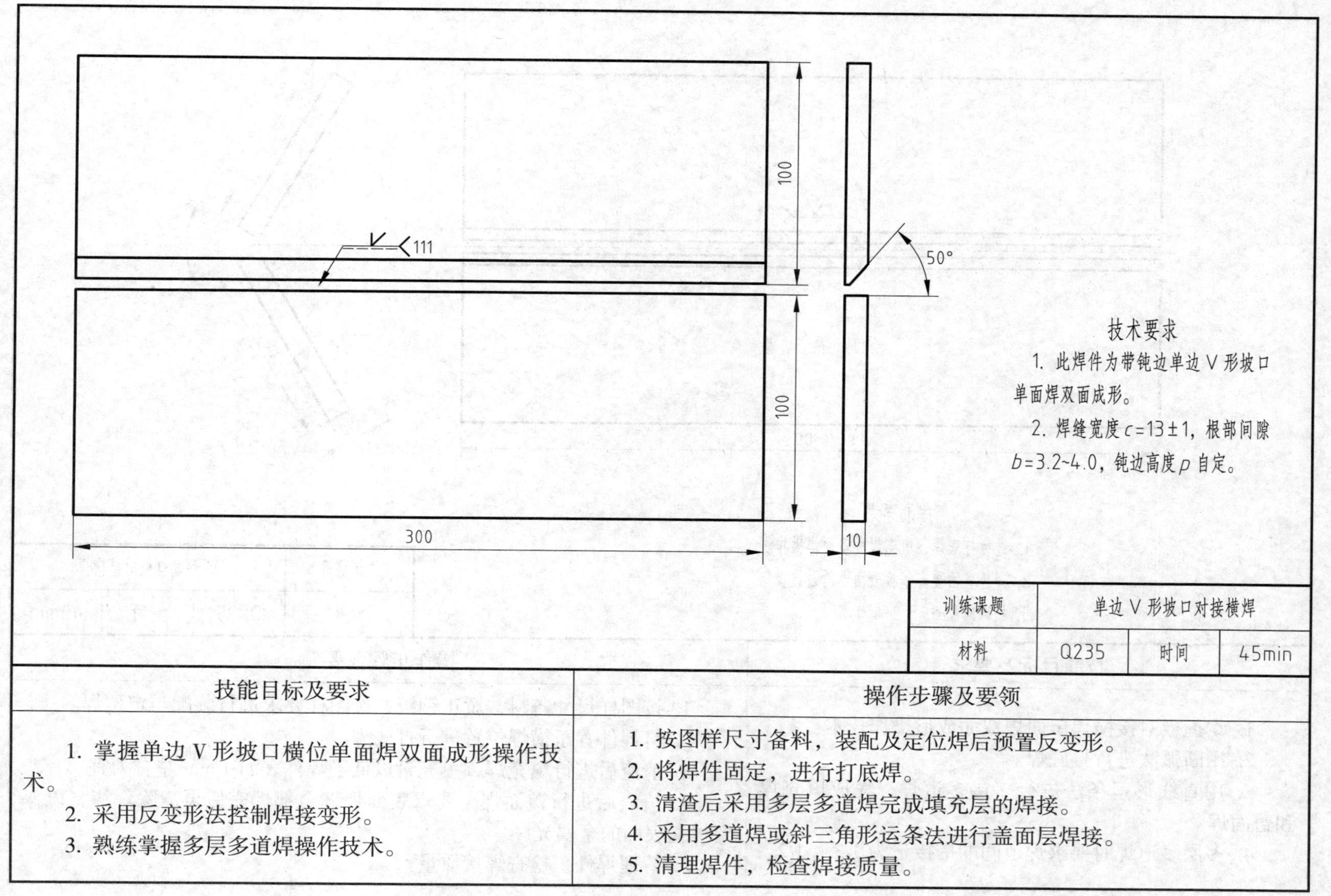

技能目标及要求	操作步骤及要领
1. 掌握单边 V 形坡口横位单面焊双面成形操作技术。 2. 采用反变形法控制焊接变形。 3. 熟练掌握多层多道焊操作技术。	1. 按图样尺寸备料，装配及定位焊后预置反变形。 2. 将焊件固定，进行打底焊。 3. 清渣后采用多层多道焊完成填充层的焊接。 4. 采用多道焊或斜三角形运条法进行盖面层焊接。 5. 清理焊件，检查焊接质量。

二十、V 形坡口板对接横焊

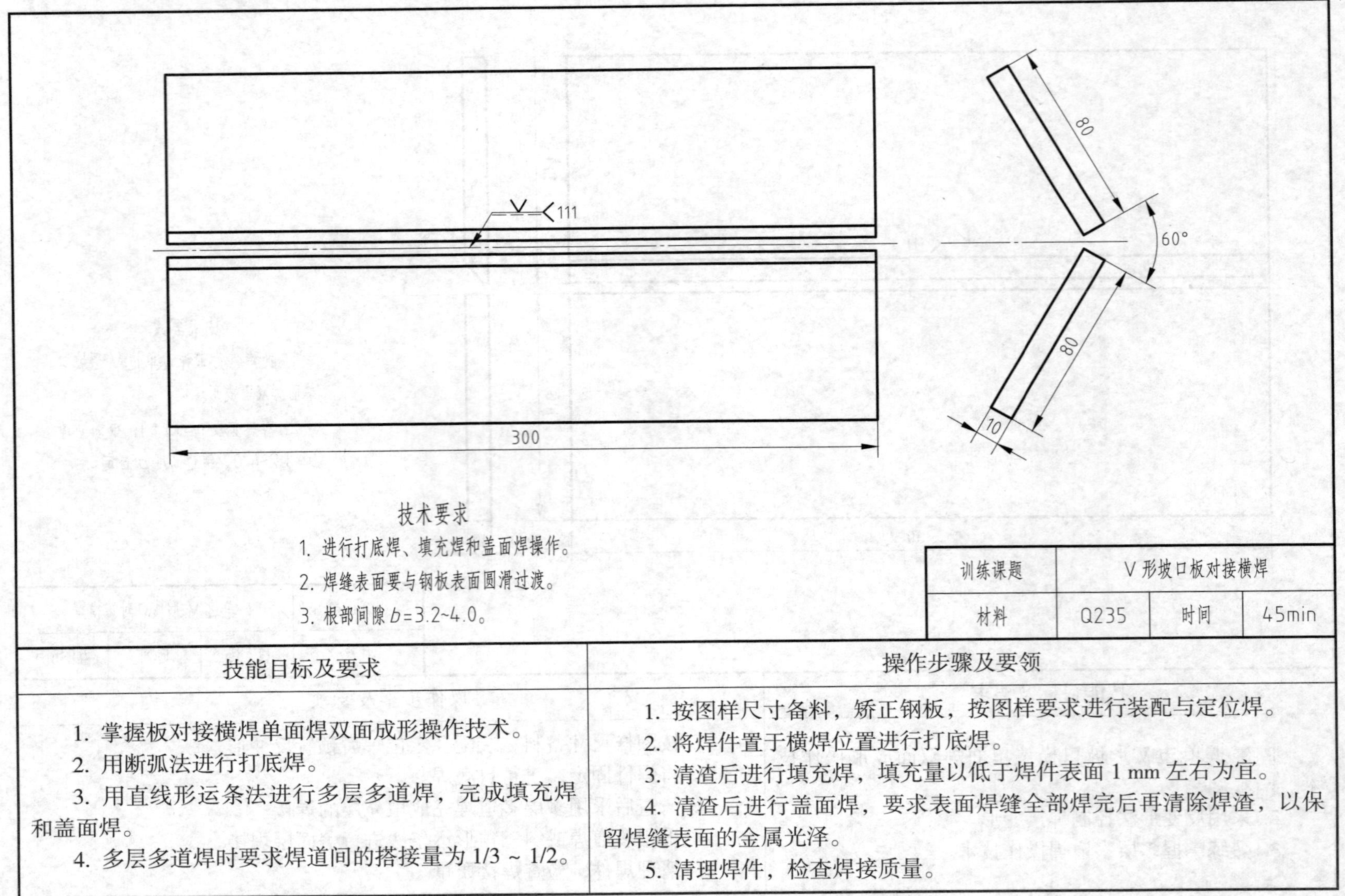

技术要求

1. 进行打底焊、填充焊和盖面焊操作。
2. 焊缝表面要与钢板表面圆滑过渡。
3. 根部间隙 b=3.2~4.0。

训练课题	V 形坡口板对接横焊		
材料	Q235	时间	45min

技能目标及要求	操作步骤及要领
1. 掌握板对接横焊单面焊双面成形操作技术。 2. 用断弧法进行打底焊。 3. 用直线形运条法进行多层多道焊，完成填充焊和盖面焊。 4. 多层多道焊时要求焊道间的搭接量为 1/3 ~ 1/2。	1. 按图样尺寸备料，矫正钢板，按图样要求进行装配与定位焊。 2. 将焊件置于横焊位置进行打底焊。 3. 清渣后进行填充焊，填充量以低于焊件表面 1 mm 左右为宜。 4. 清渣后进行盖面焊，要求表面焊缝全部焊完后再清除焊渣，以保留焊缝表面的金属光泽。 5. 清理焊件，检查焊接质量。

二十一、仰敷焊

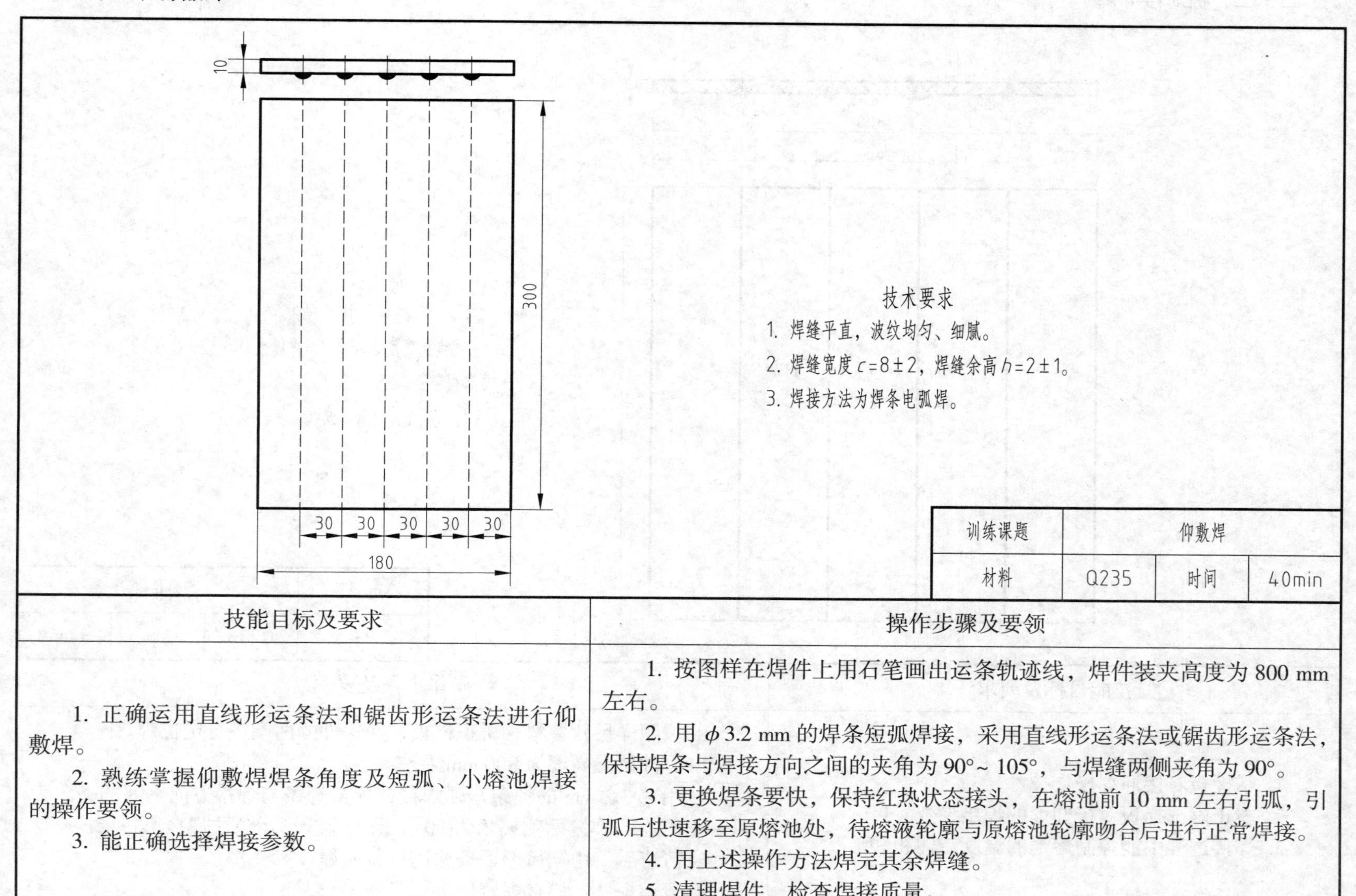

技能目标及要求	操作步骤及要领
1. 正确运用直线形运条法和锯齿形运条法进行仰敷焊。 2. 熟练掌握仰敷焊焊条角度及短弧、小熔池焊接的操作要领。 3. 能正确选择焊接参数。	1. 按图样在焊件上用石笔画出运条轨迹线，焊件装夹高度为 800 mm 左右。 2. 用 ϕ3.2 mm 的焊条短弧焊接，采用直线形运条法或锯齿形运条法，保持焊条与焊接方向之间的夹角为 90°~ 105°，与焊缝两侧夹角为 90°。 3. 更换焊条要快，保持红热状态接头，在熔池前 10 mm 左右引弧，引弧后快速移至原熔池处，待熔液轮廓与原熔池轮廓吻合后进行正常焊接。 4. 用上述操作方法焊完其余焊缝。 5. 清理焊件，检查焊接质量。

二十二、板对接仰焊

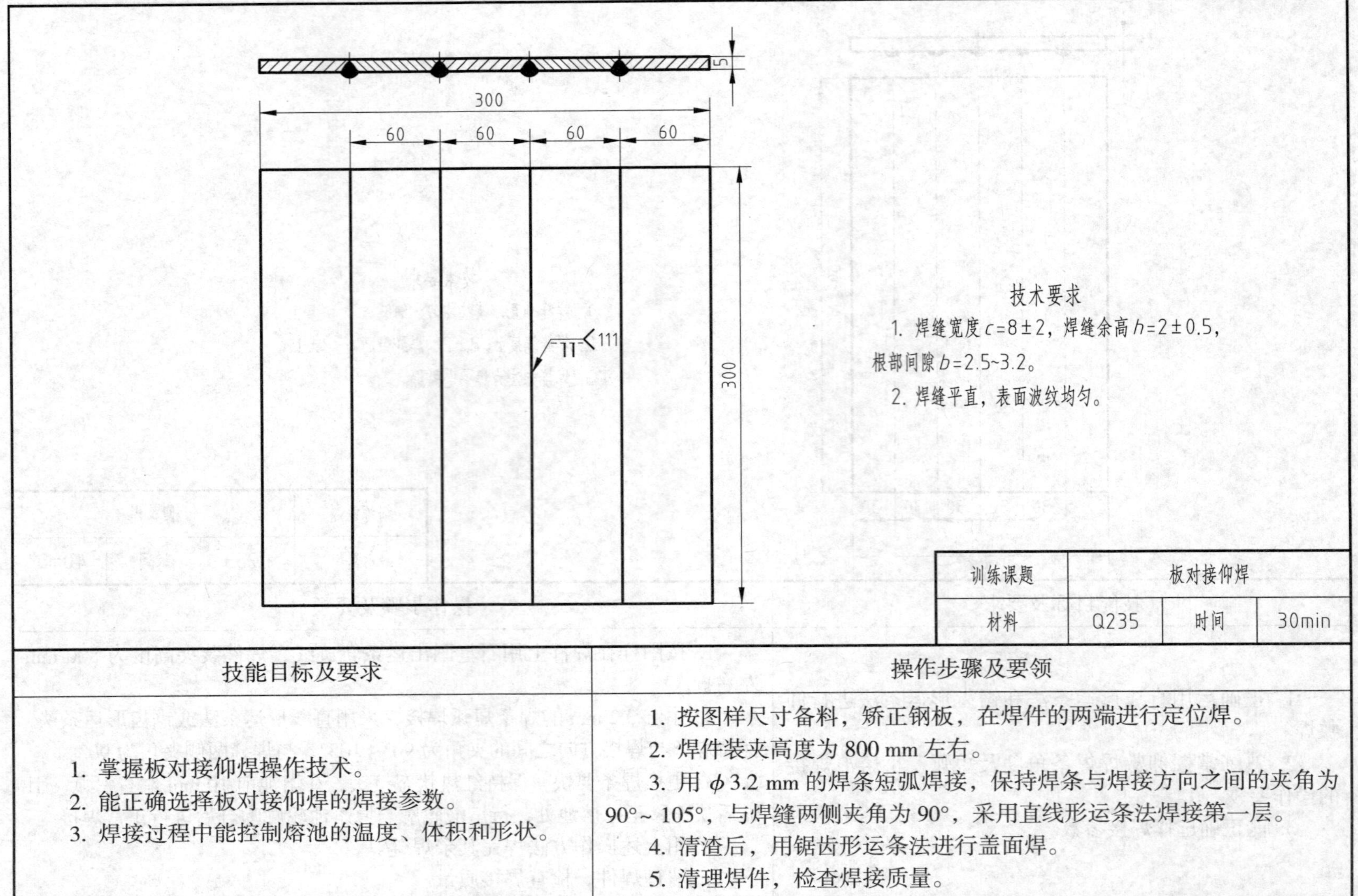

技能目标及要求	操作步骤及要领
1. 掌握板对接仰焊操作技术。 2. 能正确选择板对接仰焊的焊接参数。 3. 焊接过程中能控制熔池的温度、体积和形状。	1. 按图样尺寸备料，矫正钢板，在焊件的两端进行定位焊。 2. 焊件装夹高度为 800 mm 左右。 3. 用 ϕ3.2 mm 的焊条短弧焊接，保持焊条与焊接方向之间的夹角为 90°~105°，与焊缝两侧夹角为 90°，采用直线形运条法焊接第一层。 4. 清渣后，用锯齿形运条法进行盖面焊。 5. 清理焊件，检查焊接质量。

二十三、V 形坡口板对接仰焊

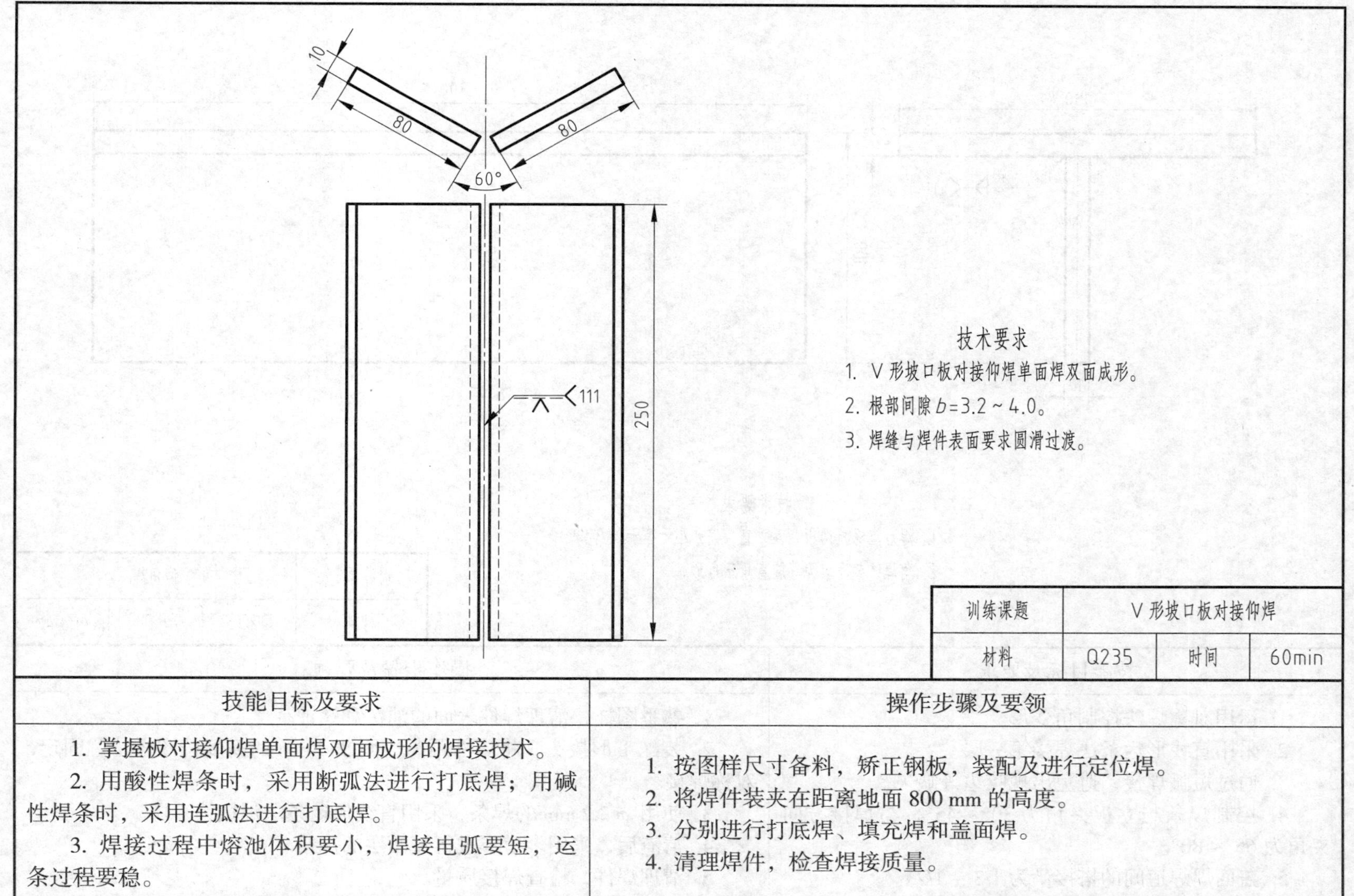

技能目标及要求	操作步骤及要领
1. 掌握板对接仰焊单面焊双面成形的焊接技术。 2. 用酸性焊条时，采用断弧法进行打底焊；用碱性焊条时，采用连弧法进行打底焊。 3. 焊接过程中熔池体积要小，焊接电弧要短，运条过程要稳。	1. 按图样尺寸备料，矫正钢板，装配及进行定位焊。 2. 将焊件装夹在距离地面 800 mm 的高度。 3. 分别进行打底焊、填充焊和盖面焊。 4. 清理焊件，检查焊接质量。

二十四、仰角焊

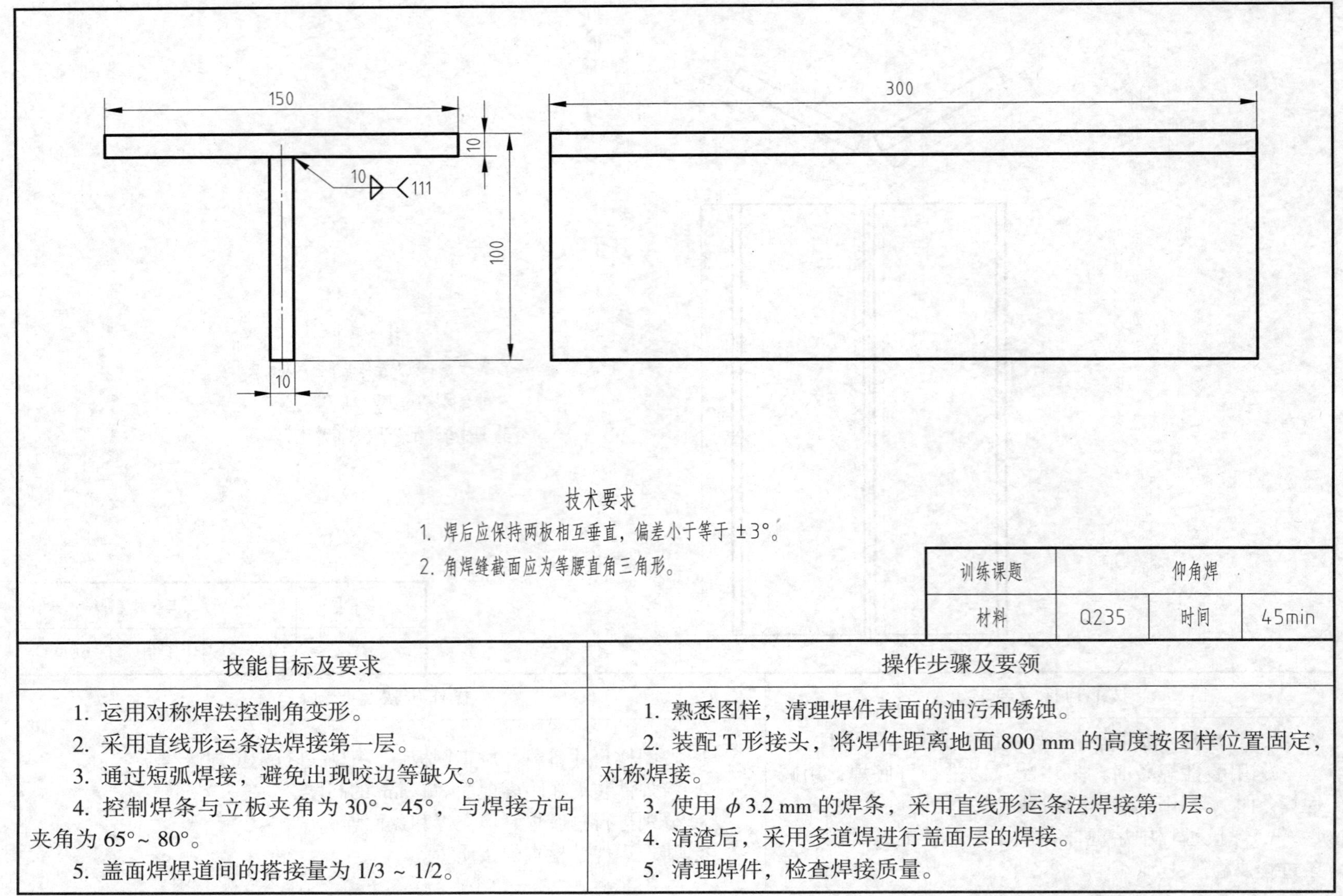

技能目标及要求	操作步骤及要领
1. 运用对称焊法控制角变形。 2. 采用直线形运条法焊接第一层。 3. 通过短弧焊接，避免出现咬边等缺欠。 4. 控制焊条与立板夹角为 30°～45°，与焊接方向夹角为 65°～80°。 5. 盖面焊焊道间的搭接量为 1/3～1/2。	1. 熟悉图样，清理焊件表面的油污和锈蚀。 2. 装配 T 形接头，将焊件距离地面 800 mm 的高度按图样位置固定，对称焊接。 3. 使用 ϕ3.2 mm 的焊条，采用直线形运条法焊接第一层。 4. 清渣后，采用多道焊进行盖面层的焊接。 5. 清理焊件，检查焊接质量。

二十五、小直径管表面敷焊

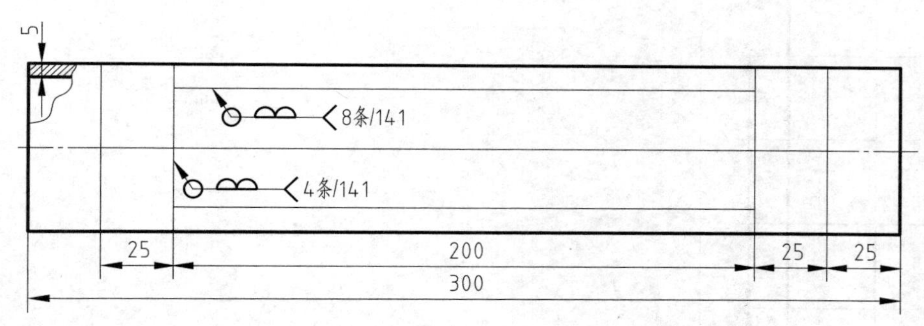

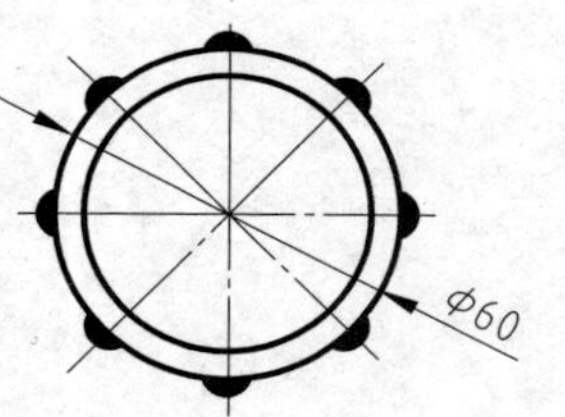

技术要求

1. 焊缝表面波纹均匀、平整。
2. 焊缝宽度 $c=6\pm1$，焊缝余高 $h=2\pm1$。

训练课题	小直径管表面敷焊		
材料	Q235	时间	100min

技能目标及要求	操作步骤及要领
1. 掌握手工钨极氩弧焊小直径管全位置焊的操作技术。 2. 掌握手工钨极氩弧焊设备的连接、调试和正确使用方法。 3. 掌握焊丝与焊枪协调移动方法。	1. 熟悉图样，清理焊件表面的油污和锈蚀，按图样尺寸用石笔画线，使管子中心距地面 800 mm 的高度，水平固定。 2. 连接手工钨极氩弧焊设备，检查焊枪及水路系统、气路系统，调节焊接电流和气体流量。 3. 焊接纵向焊缝时采用焊枪横向摆动或直线运动的左向焊法，焊丝与喷嘴保持 90°角，喷嘴与焊件倾斜 70°~ 80°角，弧长为 4 ~ 6 mm。 4. 焊接环焊缝时由仰位起焊，经立位至平位，半周后熄弧，变换操作位置，再从仰位接头起焊直至焊完后半周，收尾，填满弧坑。 5. 清理焊件，检查焊接质量。

二十六、小直径管垂直固定敷焊

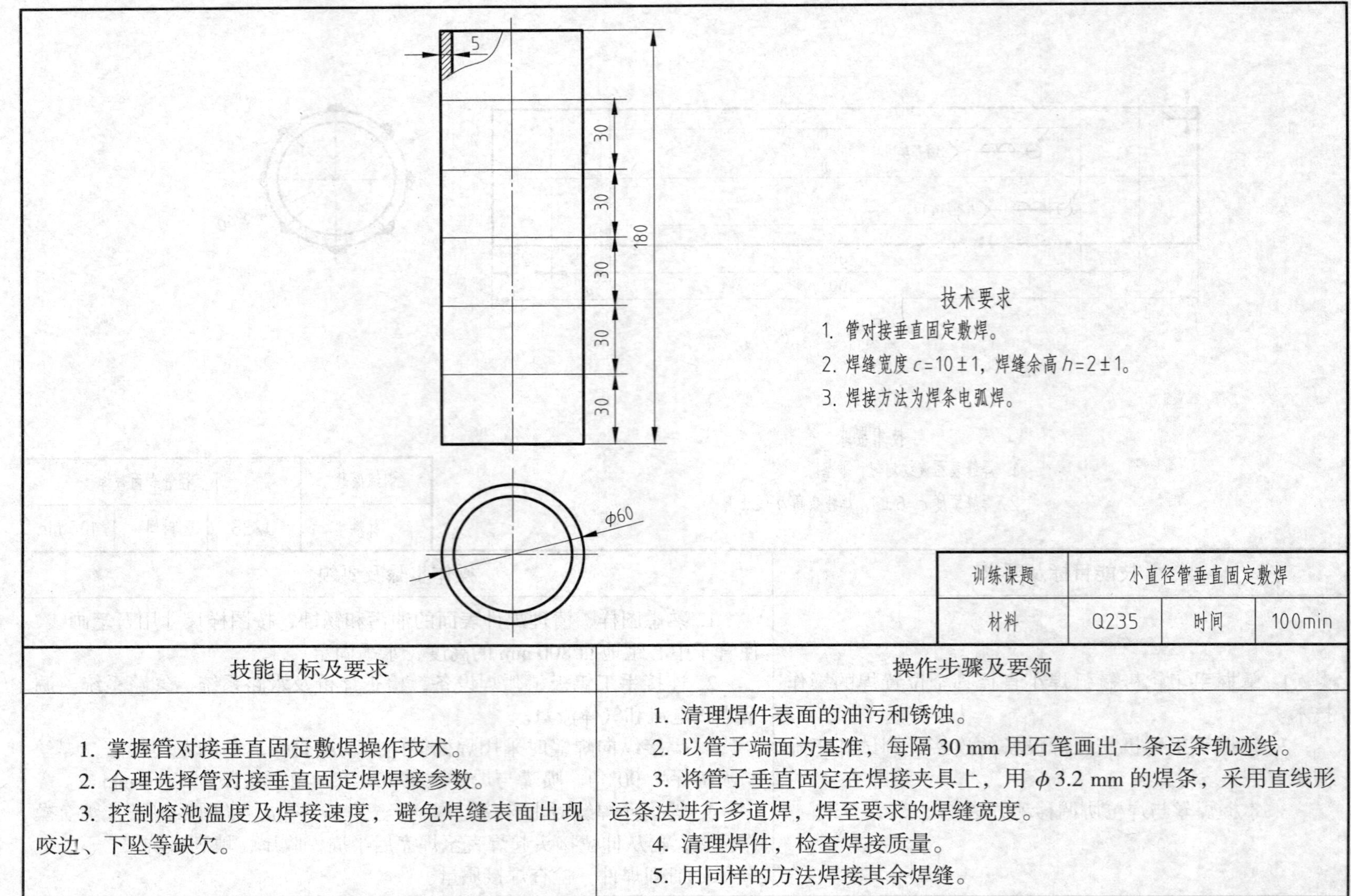

技能目标及要求	操作步骤及要领
1. 掌握管对接垂直固定敷焊操作技术。 2. 合理选择管对接垂直固定焊焊接参数。 3. 控制熔池温度及焊接速度，避免焊缝表面出现咬边、下坠等缺欠。	1. 清理焊件表面的油污和锈蚀。 2. 以管子端面为基准，每隔 30 mm 用石笔画出一条运条轨迹线。 3. 将管子垂直固定在焊接夹具上，用 ϕ3.2 mm 的焊条，采用直线形运条法进行多道焊，焊至要求的焊缝宽度。 4. 清理焊件，检查焊接质量。 5. 用同样的方法焊接其余焊缝。

二十七、小直径管水平固定敷焊

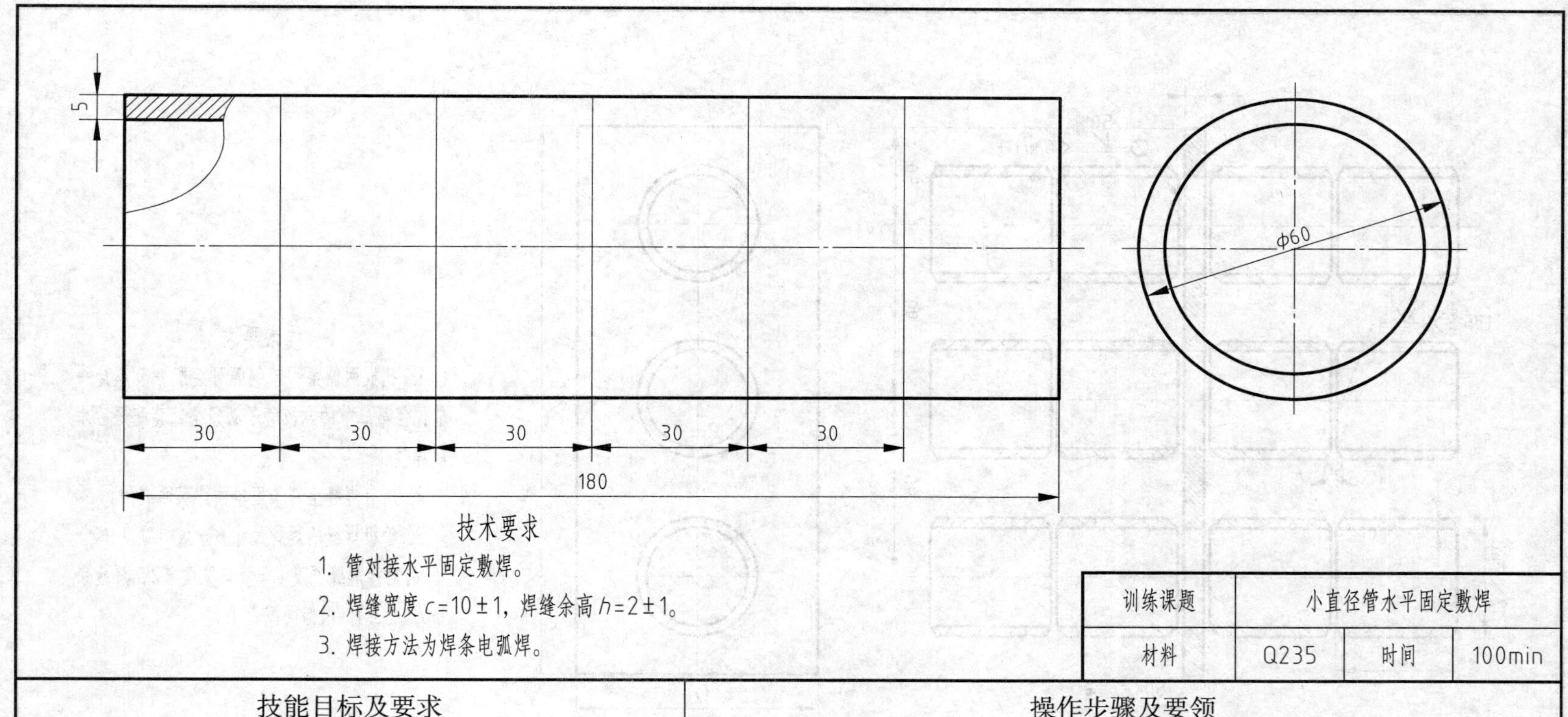

训练课题	小直径管水平固定敷焊		
材料	Q235	时间	100min

技能目标及要求	操作步骤及要领
1. 掌握管对接水平固定敷焊操作技术。 2. 合理选择管对接水平固定焊焊接参数。 3. 控制熔池温度及焊接速度，避免焊缝表面出现咬边、下坠等缺欠。	1. 以管子端面为基准，每隔 30 mm 用石笔画出一条运条轨迹线。 2. 将管子固定在离地面 800 mm 处。 3. 从仰焊位置中心线前 5 ~ 10 mm 处起焊，采用小月牙形运条法焊接前半周。 4. 清理焊缝仰位、平位接头处的焊渣，变换操作位置焊接管子后半周，在仰位预热进行接头后，仍采用小月牙形运条法焊接，焊至平焊位置收弧，完成整条焊缝。 5. 用同样的方法焊接其余焊缝。

二十八、有障碍管、管板焊

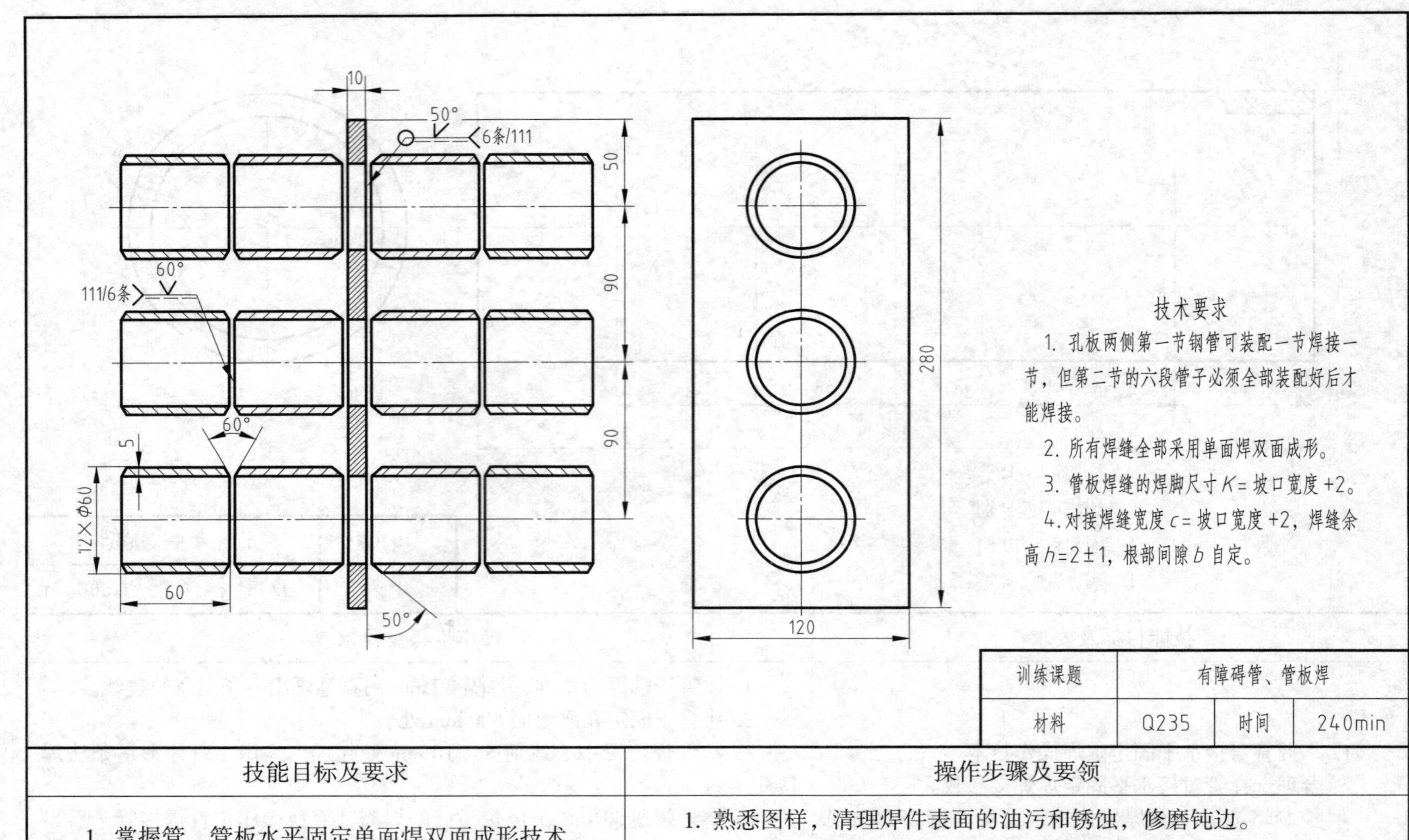

技能目标及要求	操作步骤及要领
1. 掌握管、管板水平固定单面焊双面成形技术。 2. 掌握有障碍管对接水平固定单面焊双面成形技术。	1. 熟悉图样，清理焊件表面的油污和锈蚀，修磨钝边。 2. 依次装配、焊接孔板两侧的第一节钢管。 3. 将余下的六段钢管全部装配好，再进行有障碍的管对接焊。 4. 清理焊件，检查焊接质量。

二十九、水平固定管、管板焊

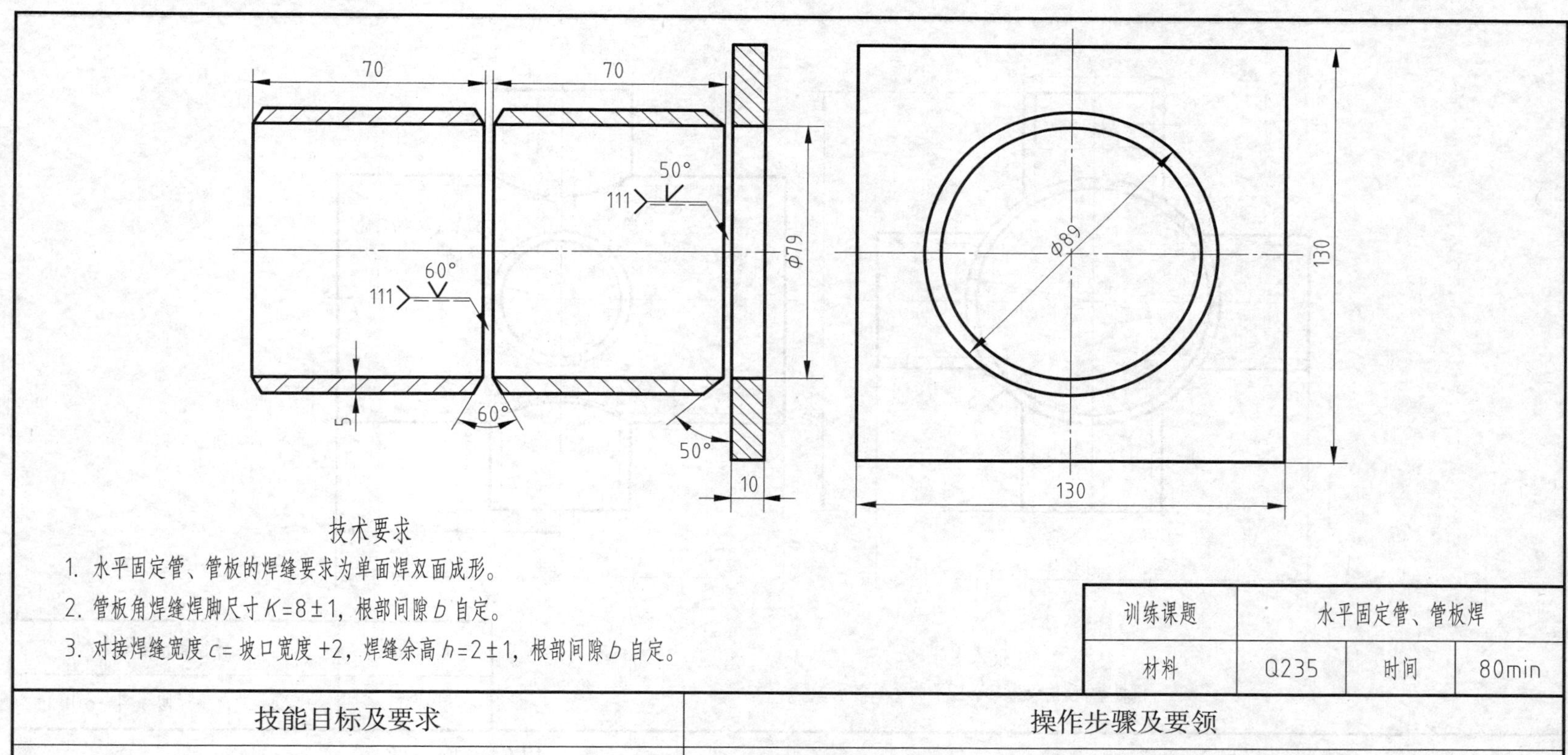

技能目标及要求	操作步骤及要领
1. 掌握水平固定管单面焊双面成形技术。 2. 掌握水平固定管板单面焊双面成形技术。	1. 熟悉图样，检查及清理焊件，修磨钝边。 2. 按图样尺寸装配，保证管子与孔板上的孔同轴，不得错边，定位焊 2 ~ 3 处。 3. 将焊件置于 800 mm 的高度，分左、右两个半周焊接。采用断弧法进行打底焊，保证仰位和平位的接头平整、圆滑。 4. 清理焊渣，采用锯齿形或月牙形运条法进行盖面焊，避免出现咬边、夹渣等缺欠。 5. 清理焊件，检查焊接质量。

三十、异径管连接焊

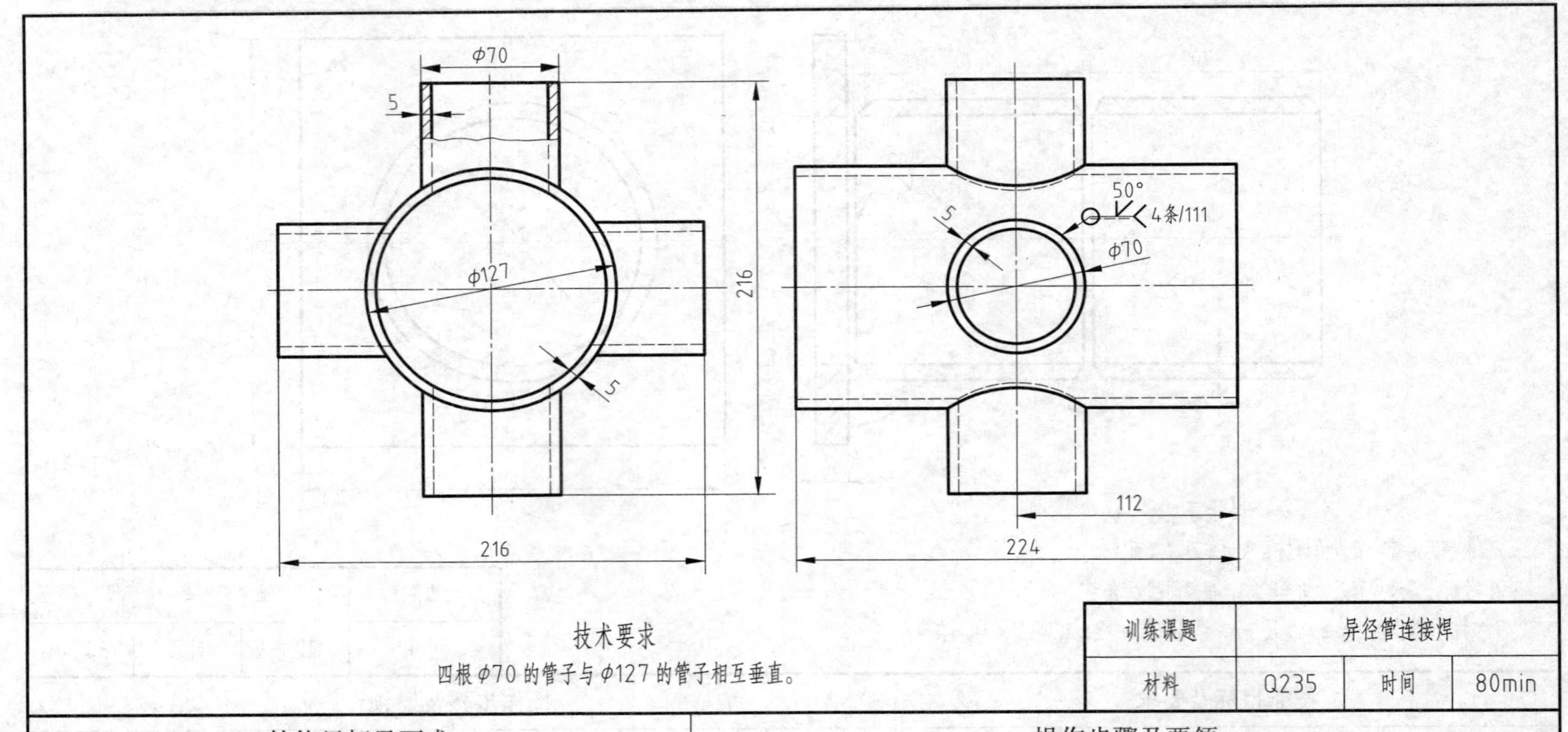

技能目标及要求	操作步骤及要领
1. 掌握异径管相贯的展开放样技术。 2. 熟悉管子相贯线处的气割方法。 3. 掌握管座的装配方法。 4. 掌握异径管的焊接技术，能正确选择焊接参数。	1. 熟悉图样，对异径管连接展开放样。 2. 画线，切割，清理接缝处挂渣及毛刺。 3. 按图样要求装配四个管接头，并进行定位焊，每个接头定位焊三处。 4. 焊接时，按主视图施焊，不得改变焊接位置。打底焊采用断弧法焊接前半周后，再转位焊接后半周。 5. 清渣后，用月牙形或锯齿形运条法进行盖面焊。 6. 清理焊件，检查焊接质量。

三十一、等径管连接焊

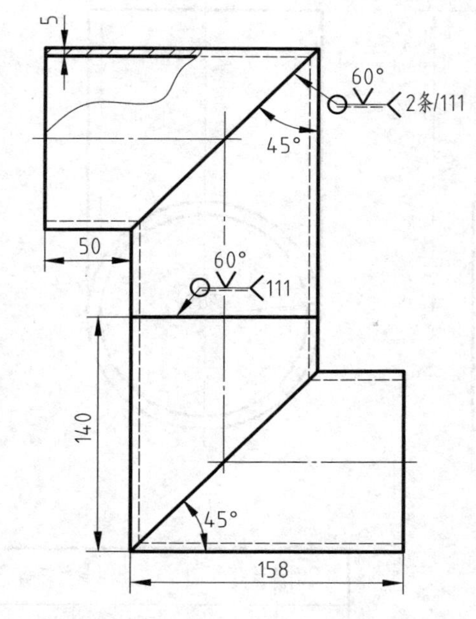

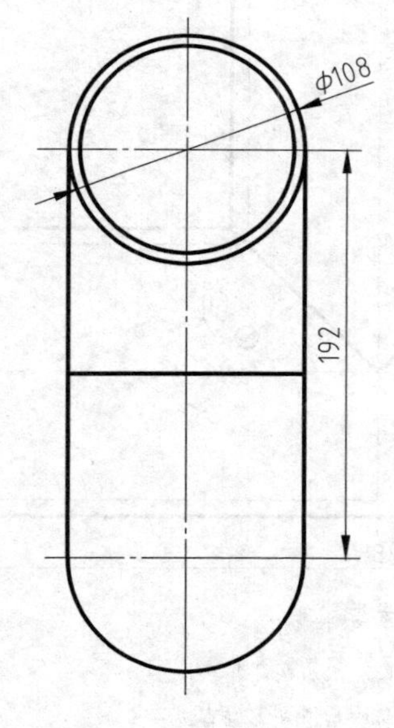

技术要求

1. 管子装配后要保证相互垂直，偏差小于等于 ±3°。
2. 要求焊缝焊透，背面成形良好。
3. 焊缝宽度 c=8，焊缝余高 h=2±1。

训练课题	等径管连接焊		
材料	Q235	时间	100min

技能目标及要求	操作步骤及要领
1. 掌握等径管相贯的展开放样技术。 2. 掌握等径管对接相贯的焊接技术。 3. 能正确选择等径管连接焊的焊接参数。	1. 熟悉图样，对等径管连接展开放样。 2. 修整管子接缝，装配及定位焊，根部间隙为 2 mm，定位焊 2 ~ 3 处，定位焊缝长度为 5 ~ 10 mm。 3. 第一层打底焊采用断弧法焊接，控制熔池温度，确保管子背面焊透。先焊立焊位置约 1/4 周长的焊缝，然后将管子接头转位，继续在立焊位置焊约 1/4 周长的焊缝，用此方法完成各接头打底层的焊接。 4. 清理焊缝，按同样的焊接顺序，用月牙形运条法连续焊，完成盖面层的焊接。

三十二、等径三通管连接焊

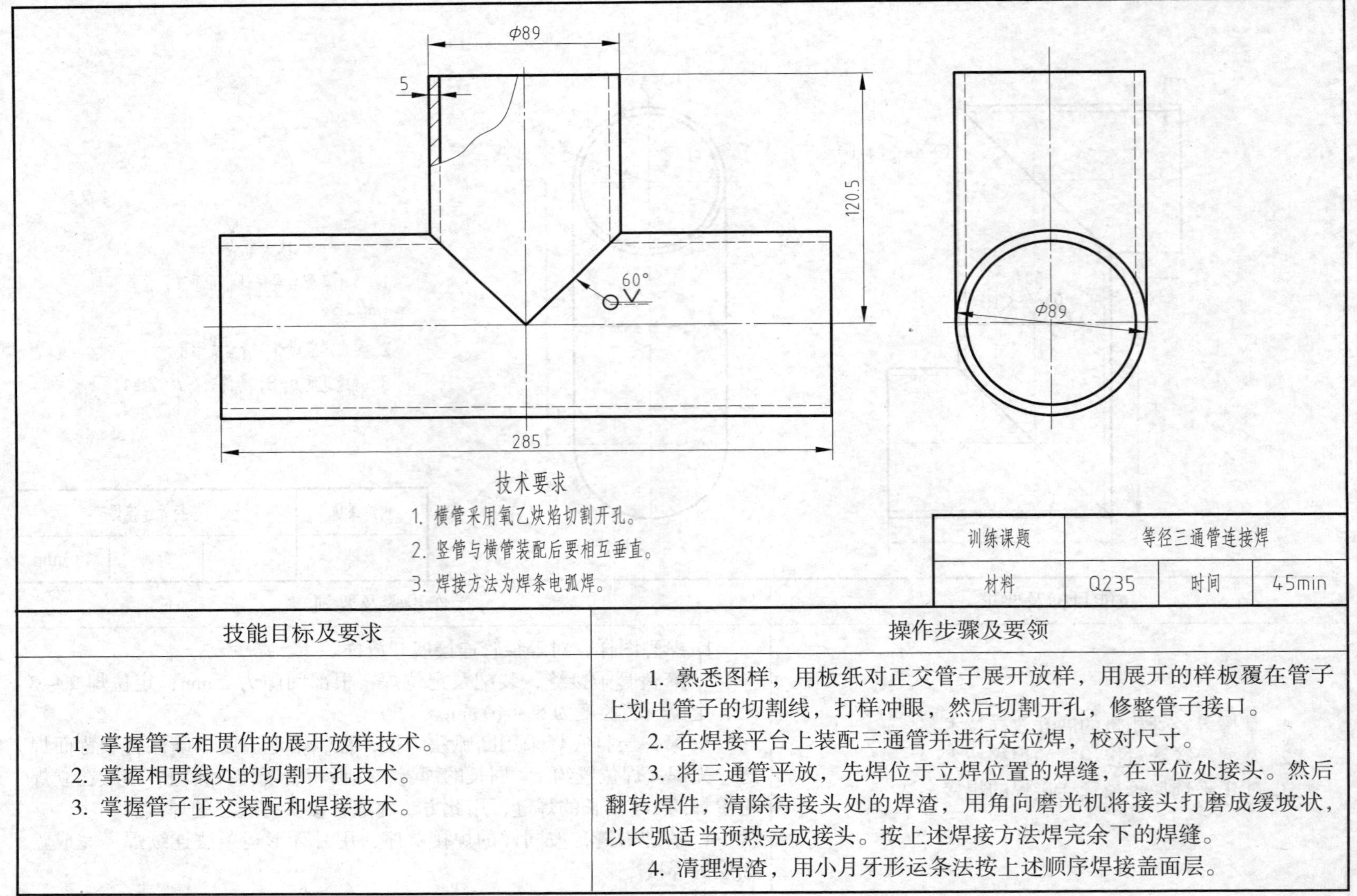

技术要求

1. 横管采用氧乙炔焰切割开孔。
2. 竖管与横管装配后要相互垂直。
3. 焊接方法为焊条电弧焊。

训练课题	等径三通管连接焊		
材料	Q235	时间	45min

技能目标及要求	操作步骤及要领
1. 掌握管子相贯件的展开放样技术。 2. 掌握相贯线处的切割开孔技术。 3. 掌握管子正交装配和焊接技术。	1. 熟悉图样，用板纸对正交管子展开放样，用展开的样板覆在管子上划出管子的切割线，打样冲眼，然后切割开孔，修整管子接口。 2. 在焊接平台上装配三通管并进行定位焊，校对尺寸。 3. 将三通管平放，先焊位于立焊位置的焊缝，在平位处接头。然后翻转焊件，清除待接头处的焊渣，用角向磨光机将接头打磨成缓坡状，以长弧适当预热完成接头。按上述焊接方法焊完余下的焊缝。 4. 清理焊渣，用小月牙形运条法按上述顺序焊接盖面层。

三十三、骑座式管板水平固定焊

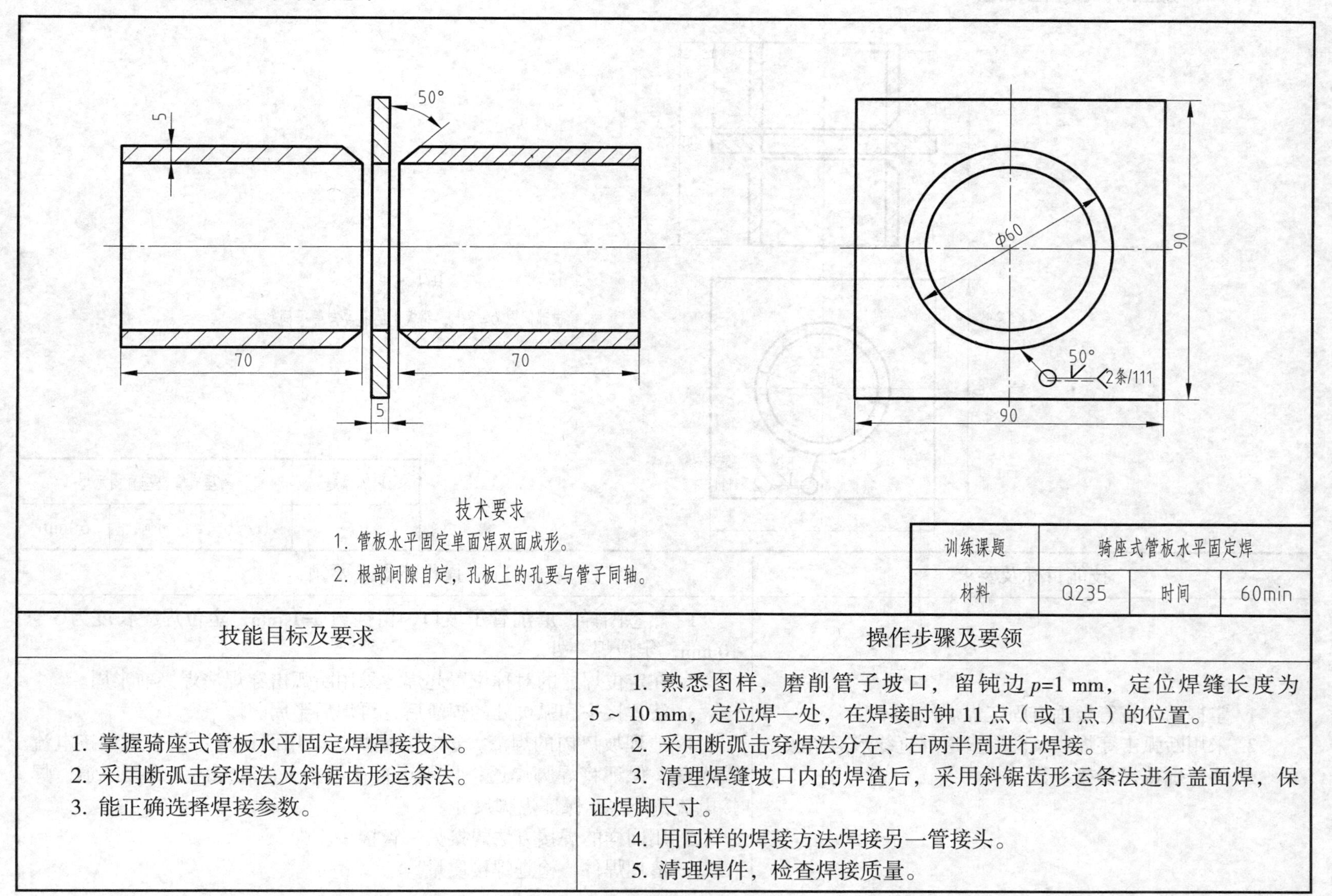

技术要求

1. 管板水平固定单面焊双面成形。
2. 根部间隙自定，孔板上的孔要与管子同轴。

训练课题	骑座式管板水平固定焊		
材料	Q235	时间	60min

技能目标及要求	操作步骤及要领
1. 掌握骑座式管板水平固定焊焊接技术。 2. 采用断弧击穿焊法及斜锯齿形运条法。 3. 能正确选择焊接参数。	1. 熟悉图样，磨削管子坡口，留钝边 p=1 mm，定位焊缝长度为 5 ~ 10 mm，定位焊一处，在焊接时钟 11 点（或 1 点）的位置。 2. 采用断弧击穿焊法分左、右两半周进行焊接。 3. 清理焊缝坡口内的焊渣后，采用斜锯齿形运条法进行盖面焊，保证焊脚尺寸。 4. 用同样的焊接方法焊接另一管接头。 5. 清理焊件，检查焊接质量。

三十四、骑座式管板垂直固定焊

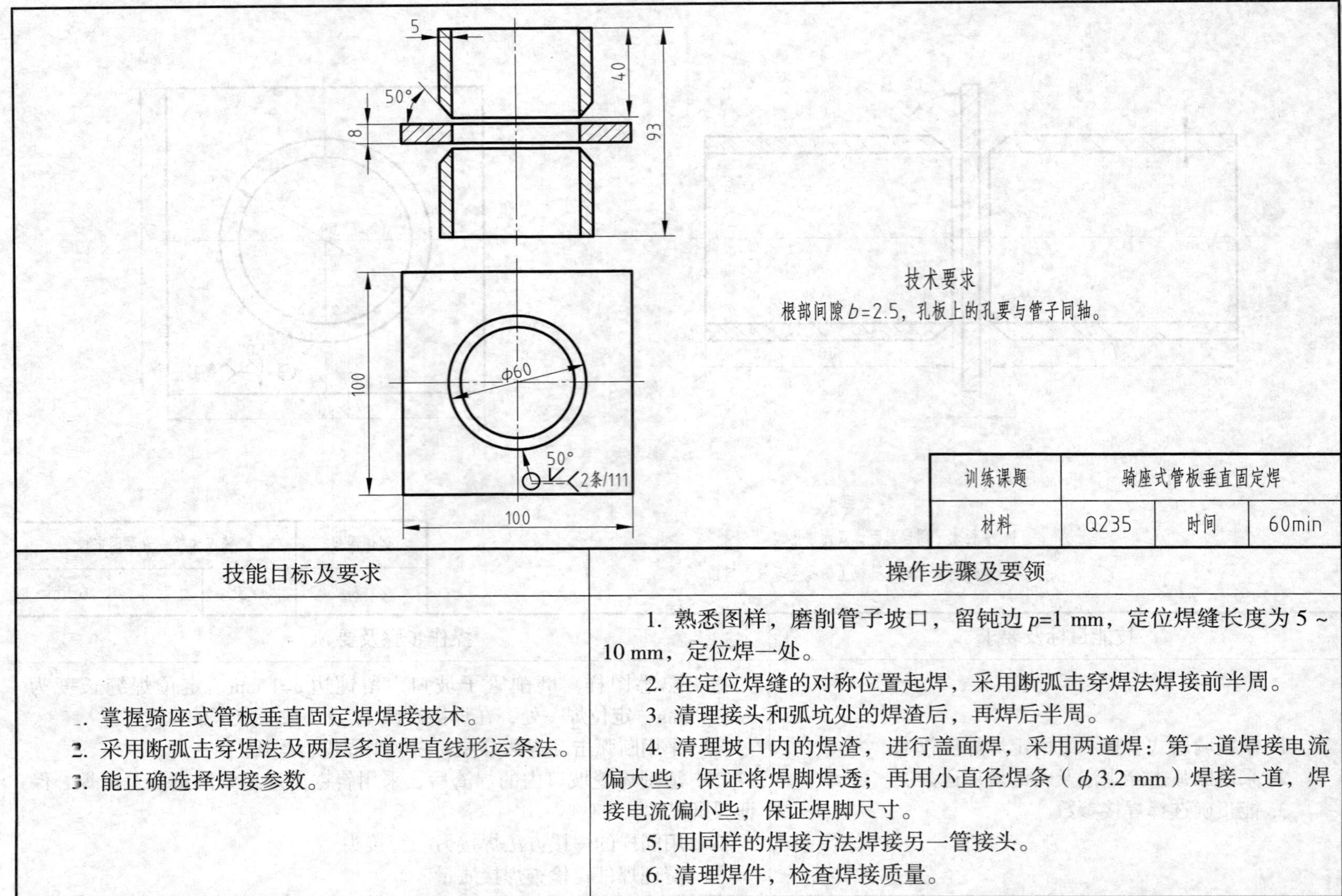

训练课题	骑座式管板垂直固定焊		
材料	Q235	时间	60min

技能目标及要求	操作步骤及要领
1. 掌握骑座式管板垂直固定焊焊接技术。 2. 采用断弧击穿焊法及两层多道焊直线形运条法。 3. 能正确选择焊接参数。	1. 熟悉图样，磨削管子坡口，留钝边 p=1 mm，定位焊缝长度为 5 ~ 10 mm，定位焊一处。 2. 在定位焊缝的对称位置起焊，采用断弧击穿焊法焊接前半周。 3. 清理接头和弧坑处的焊渣后，再焊后半周。 4. 清理坡口内的焊渣，进行盖面焊，采用两道焊：第一道焊接电流偏大些，保证将焊脚焊透；再用小直径焊条（ϕ3.2 mm）焊接一道，焊接电流偏小些，保证焊脚尺寸。 5. 用同样的焊接方法焊接另一管接头。 6. 清理焊件，检查焊接质量。

三十五、管座焊

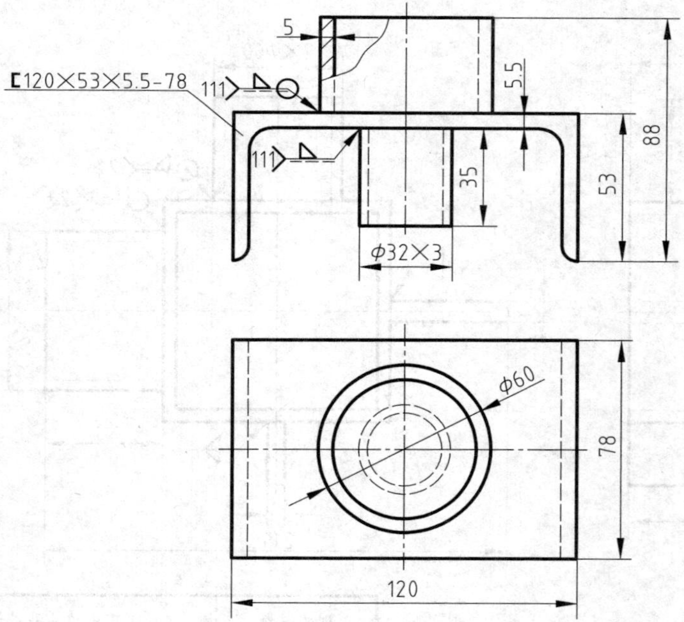

技术要求

ϕ60 管子的焊脚尺寸 $K=8\pm1$，ϕ32 管子的焊脚尺寸 $K=6\pm1$。

训练课题	管座焊		
材料	Q235	时间	40min

技能目标及要求	操作步骤及要领
1. 掌握管、板角焊操作要领。 2. 掌握有障碍管的焊接技术。	1. 熟悉图样，检查及清理焊件，划槽钢正面和背面的管子装配线，打样冲眼。 2. 按装配线将管子垂直放于槽钢上，进行三处定位焊。 3. 第一层用 ϕ3.2 mm 的焊条采用直线形运条法，先焊 ϕ60 mm 的管座前半周，然后转位 180°焊接后半周，收尾处要延长 10 mm。 4. 第二层采用斜月牙形运条法，错开第一层接头 30 mm 处起焊半周，然后迅速转位更换焊条（用热接头法），焊完整周焊缝。 5. 把焊件翻转 180°，焊接 ϕ32 mm 的管座，施焊方法同上。

三十六、丁字接头及管板焊

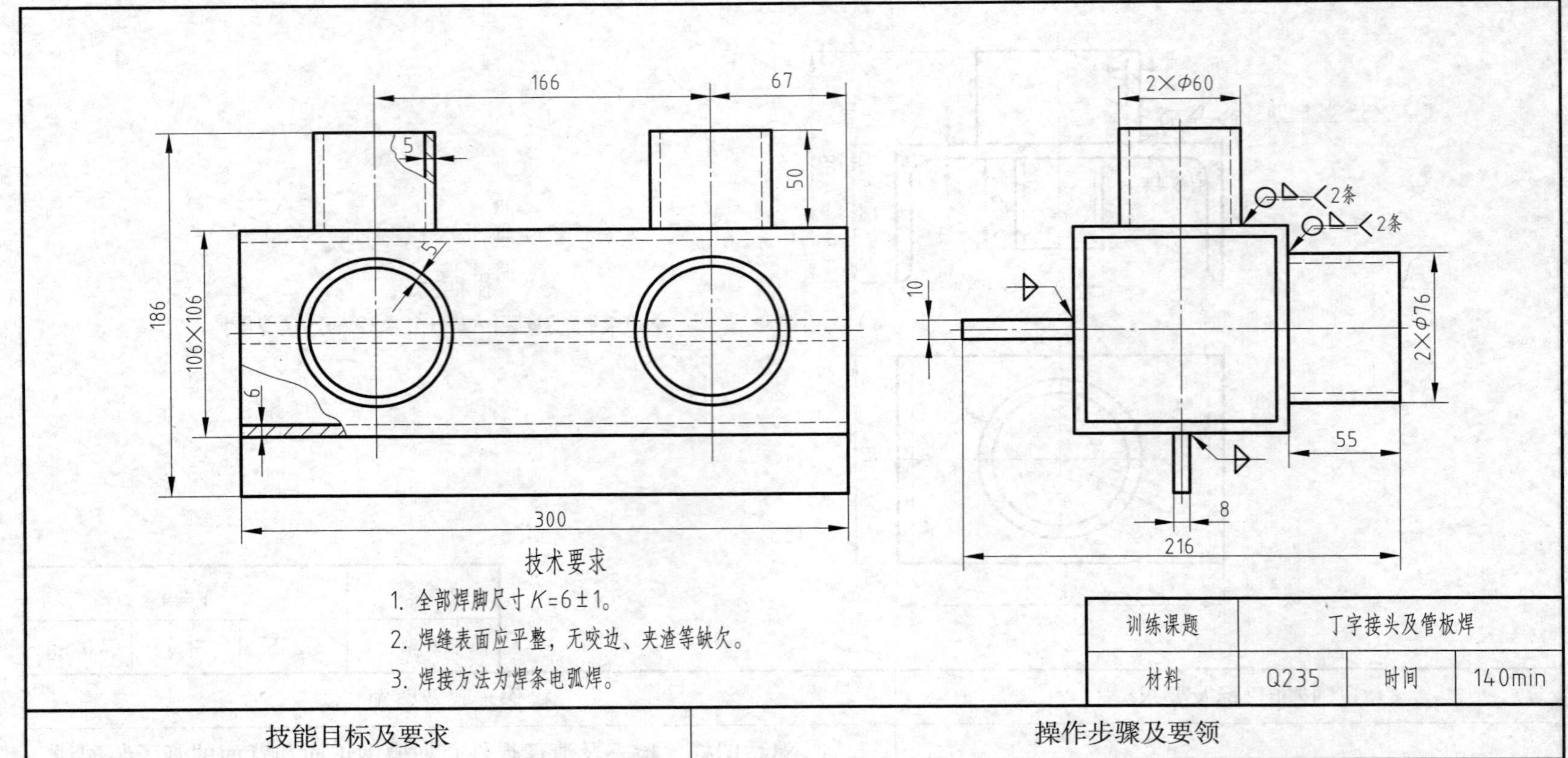

训练课题	丁字接头及管板焊		
材料	Q235	时间	140min

技能目标及要求	操作步骤及要领
1. 掌握丁字接头的平角焊和仰角焊技术。 2. 掌握管板水平固定焊和管板垂直固定焊的焊接技术。	1. 清理焊件表面的油污和锈蚀，按图样尺寸装配焊件。 2. 用 ϕ3.2 mm 的焊条，焊条与两板之间保持 45°左右夹角，采用直线形运条法焊接平角焊和仰角焊的第一层。清渣后，采用斜锯齿形运条法焊接第二层，焊缝两边要稍做停顿。 3. ϕ76 mm 的管子与板水平固定时，分左、右两半周，采用锯齿形和斜锯齿形运条法焊接，接头要长弧预热，随后压低电弧，保持接头平整、圆滑；ϕ60 mm 的管子与板垂直固定时采用直线形运条法进行两层两道焊接。

三十七、埋弧焊——平敷焊

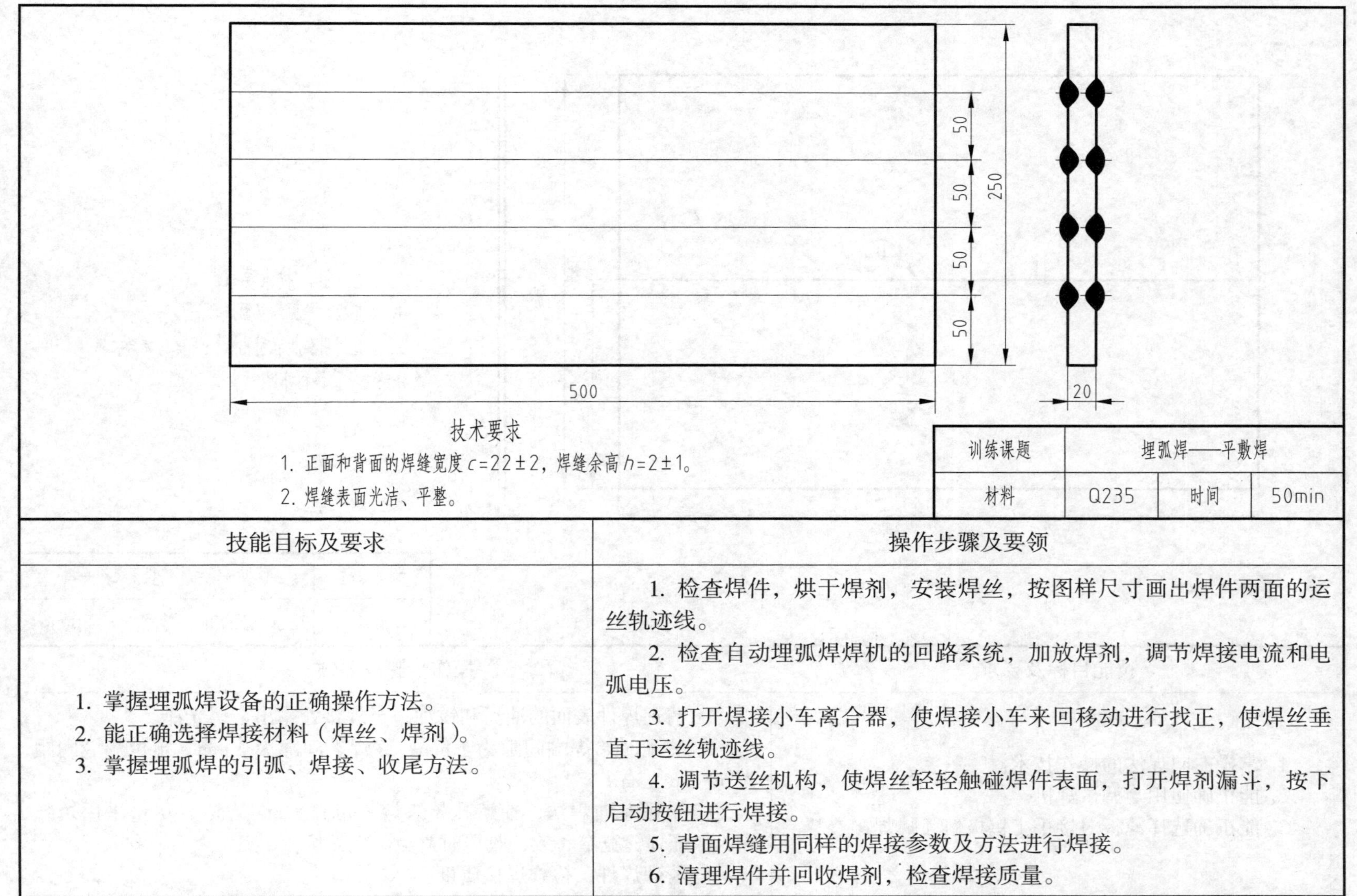

技术要求

1. 正面和背面的焊缝宽度 $c=22\pm2$，焊缝余高 $h=2\pm1$。
2. 焊缝表面光洁、平整。

训练课题	埋弧焊——平敷焊		
材料	Q235	时间	50min

技能目标及要求	操作步骤及要领
1. 掌握埋弧焊设备的正确操作方法。 2. 能正确选择焊接材料（焊丝、焊剂）。 3. 掌握埋弧焊的引弧、焊接、收尾方法。	1. 检查焊件，烘干焊剂，安装焊丝，按图样尺寸画出焊件两面的运丝轨迹线。 2. 检查自动埋弧焊焊机的回路系统，加放焊剂，调节焊接电流和电弧电压。 3. 打开焊接小车离合器，使焊接小车来回移动进行找正，使焊丝垂直于运丝轨迹线。 4. 调节送丝机构，使焊丝轻轻触碰焊件表面，打开焊剂漏斗，按下启动按钮进行焊接。 5. 背面焊缝用同样的焊接参数及方法进行焊接。 6. 清理焊件并回收焊剂，检查焊接质量。

三十八、薄板对接手工钨极氩弧焊平焊

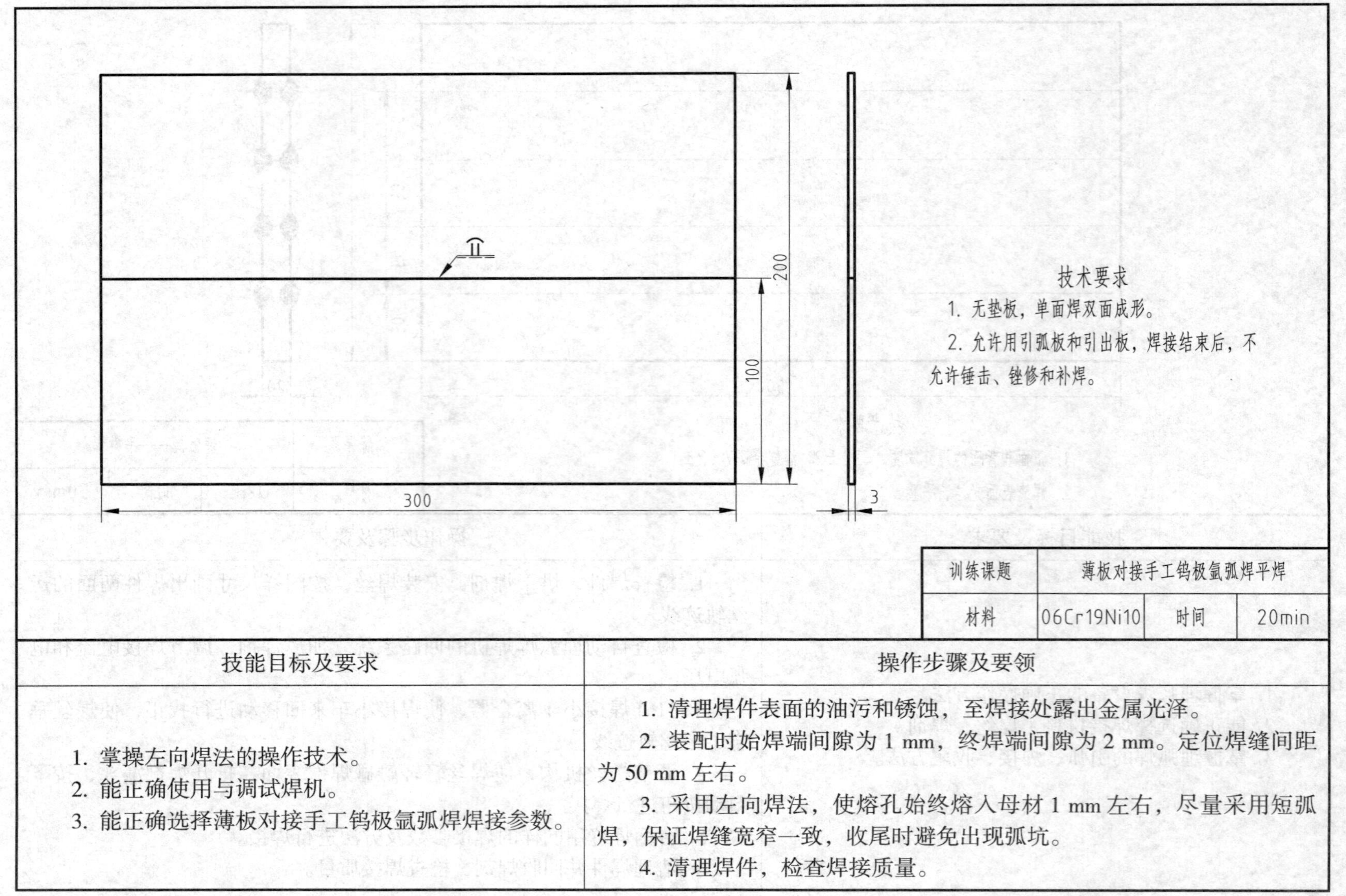

训练课题	薄板对接手工钨极氩弧焊平焊		
材料	06Cr19Ni10	时间	20min

技能目标及要求	操作步骤及要领
1. 掌操左向焊法的操作技术。 2. 能正确使用与调试焊机。 3. 能正确选择薄板对接手工钨极氩弧焊焊接参数。	1. 清理焊件表面的油污和锈蚀，至焊接处露出金属光泽。 2. 装配时始焊端间隙为 1 mm，终焊端间隙为 2 mm。定位焊缝间距为 50 mm 左右。 3. 采用左向焊法，使熔孔始终熔入母材 1 mm 左右，尽量采用短弧焊，保证焊缝宽窄一致，收尾时避免出现弧坑。 4. 清理焊件，检查焊接质量。

三十九、埋弧焊——X 形坡口板对接平焊

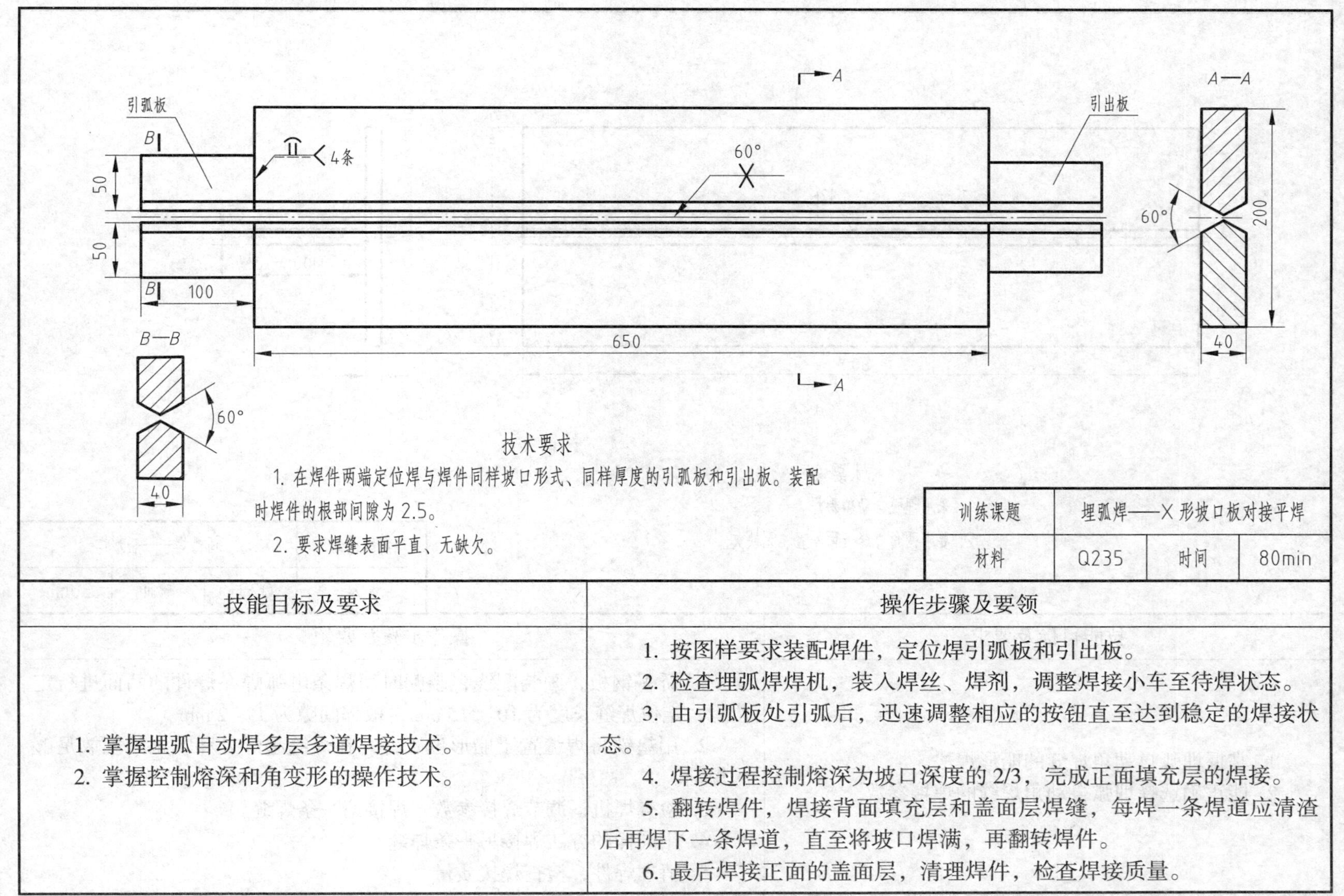

技术要求

1. 在焊件两端定位焊与焊件同样坡口形式、同样厚度的引弧板和引出板。装配时焊件的根部间隙为 2.5。

2. 要求焊缝表面平直、无缺欠。

训练课题	埋弧焊——X 形坡口板对接平焊		
材料	Q235	时间	80min

技能目标及要求	操作步骤及要领
1. 掌握埋弧自动焊多层多道焊接技术。 2. 掌握控制熔深和角变形的操作技术。	1. 按图样要求装配焊件，定位焊引弧板和引出板。 2. 检查埋弧焊焊机，装入焊丝、焊剂，调整焊接小车至待焊状态。 3. 由引弧板处引弧后，迅速调整相应的按钮直至达到稳定的焊接状态。 4. 焊接过程控制熔深为坡口深度的 2/3，完成正面填充层的焊接。 5. 翻转焊件，焊接背面填充层和盖面层焊缝，每焊一条焊道应清渣后再焊下一条焊道，直至将坡口焊满，再翻转焊件。 6. 最后焊接正面的盖面层，清理焊件，检查焊接质量。

四十、埋弧焊——船形焊

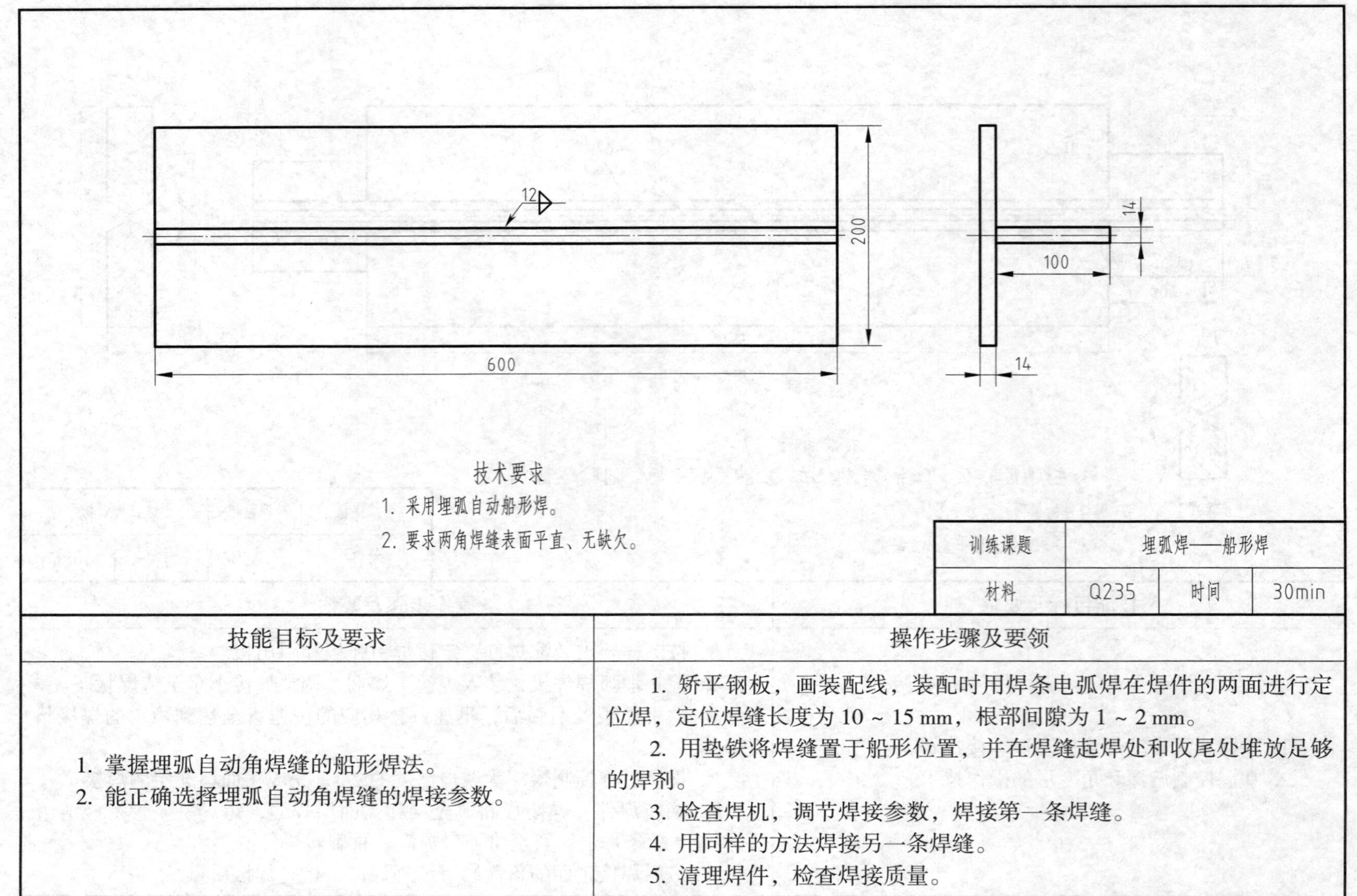

技术要求

1. 采用埋弧自动船形焊。
2. 要求两角焊缝表面平直、无缺欠。

训练课题	埋弧焊——船形焊		
材料	Q235	时间	30min

技能目标及要求	操作步骤及要领
1. 掌握埋弧自动角焊缝的船形焊法。 2. 能正确选择埋弧自动角焊缝的焊接参数。	1. 矫平钢板，画装配线，装配时用焊条电弧焊在焊件的两面进行定位焊，定位焊缝长度为 10 ~ 15 mm，根部间隙为 1 ~ 2 mm。 2. 用垫铁将焊缝置于船形位置，并在焊缝起焊处和收尾处堆放足够的焊剂。 3. 检查焊机，调节焊接参数，焊接第一条焊缝。 4. 用同样的方法焊接另一条焊缝。 5. 清理焊件，检查焊接质量。

四十一、CO_2 焊——平敷焊

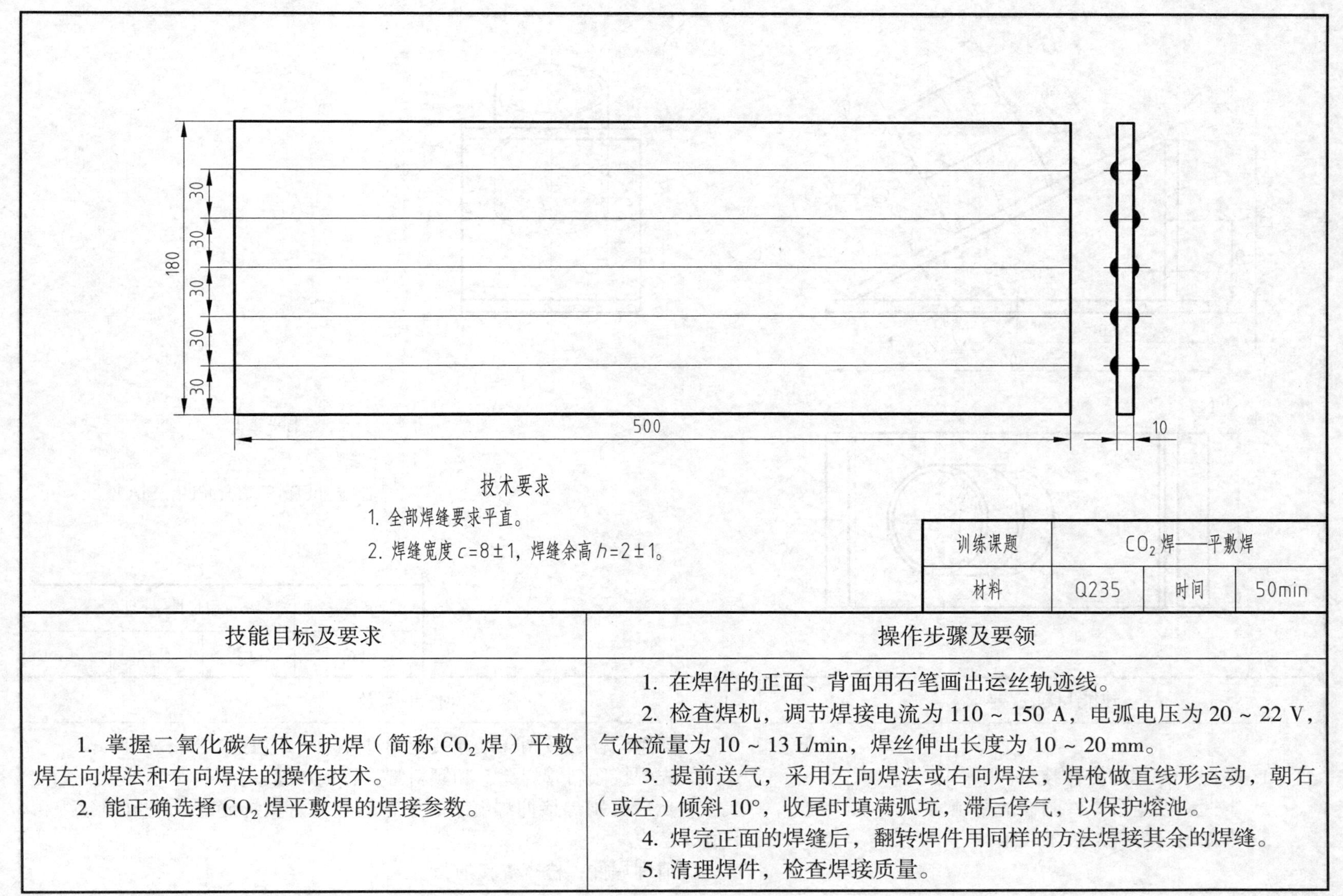

技能目标及要求	操作步骤及要领
1. 掌握二氧化碳气体保护焊（简称 CO_2 焊）平敷焊左向焊法和右向焊法的操作技术。 2. 能正确选择 CO_2 焊平敷焊的焊接参数。	1. 在焊件的正面、背面用石笔画出运丝轨迹线。 2. 检查焊机，调节焊接电流为 110 ~ 150 A，电弧电压为 20 ~ 22 V，气体流量为 10 ~ 13 L/min，焊丝伸出长度为 10 ~ 20 mm。 3. 提前送气，采用左向焊法或右向焊法，焊枪做直线形运动，朝右（或左）倾斜 10°，收尾时填满弧坑，滞后停气，以保护熔池。 4. 焊完正面的焊缝后，翻转焊件用同样的方法焊接其余的焊缝。 5. 清理焊件，检查焊接质量。

四十二、CO_2焊——组合焊

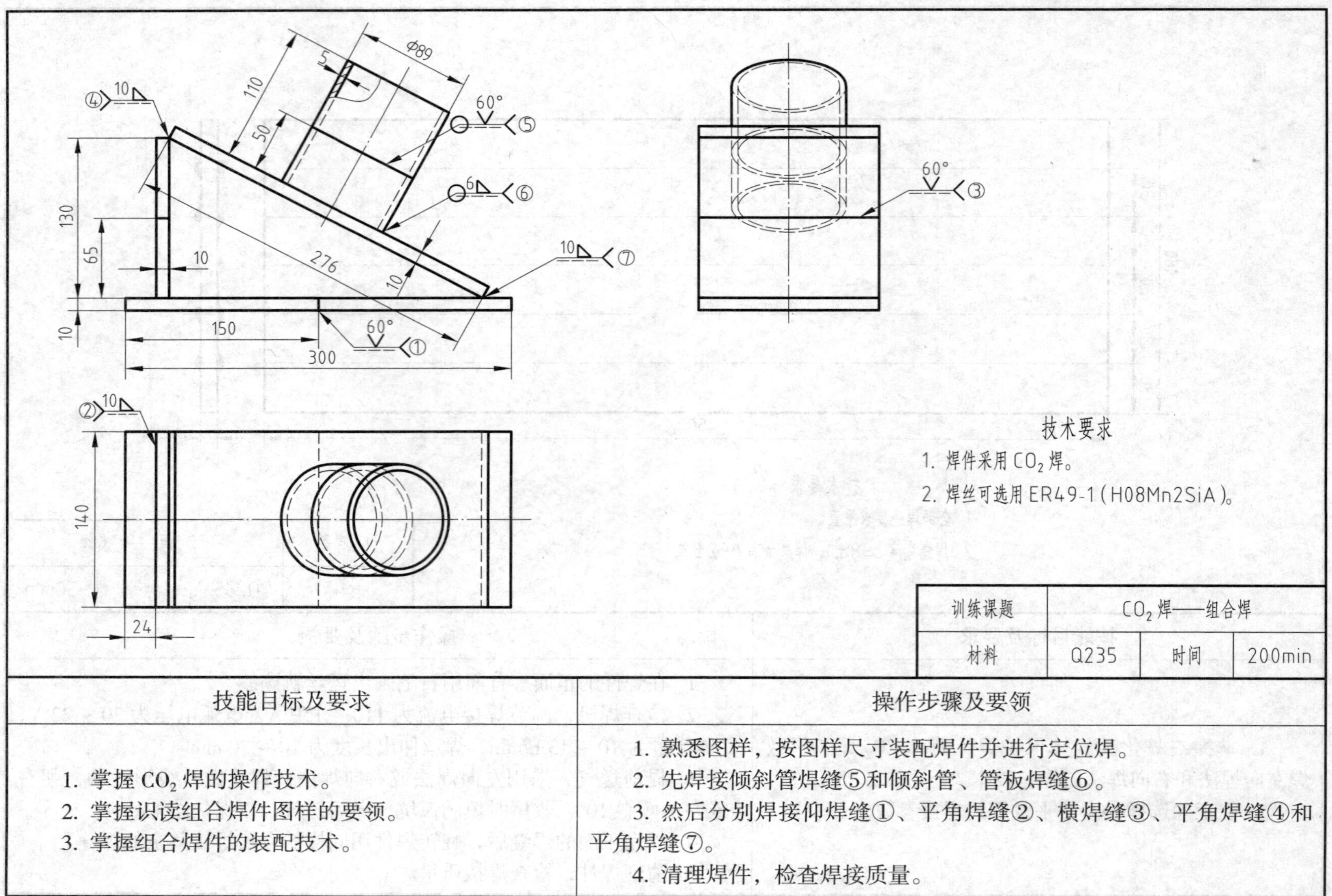

技能目标及要求	操作步骤及要领
1. 掌握CO_2焊的操作技术。 2. 掌握识读组合焊件图样的要领。 3. 掌握组合焊件的装配技术。	1. 熟悉图样，按图样尺寸装配焊件并进行定位焊。 2. 先焊接倾斜管焊缝⑤和倾斜管、管板焊缝⑥。 3. 然后分别焊接仰焊缝①、平角焊缝②、横焊缝③、平角焊缝④和平角焊缝⑦。 4. 清理焊件，检查焊接质量。

综合技能训练

一、十字接头立角焊及管板水平固定焊

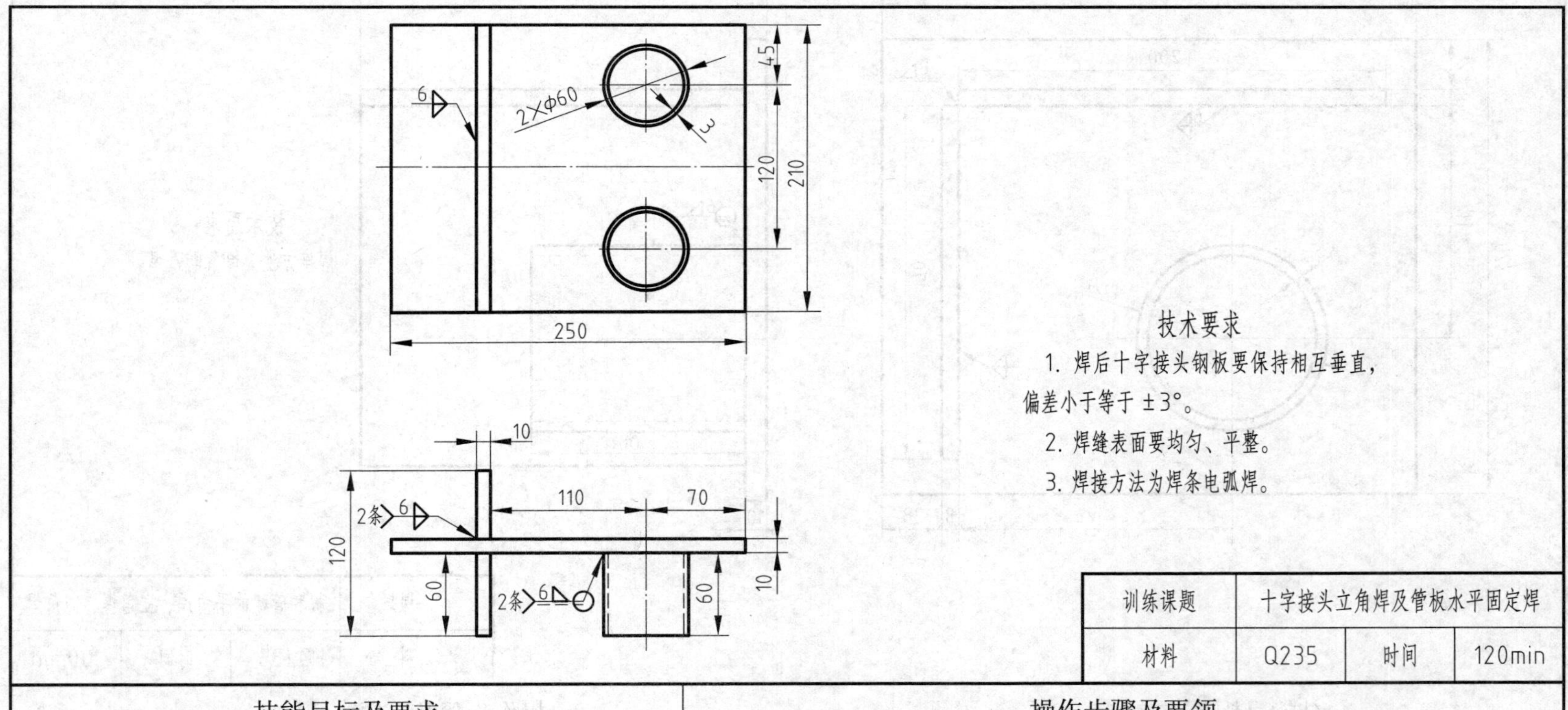

训练课题	十字接头立角焊及管板水平固定焊		
材料	Q235	时间	120min

技能目标及要求	操作步骤及要领
1. 掌握锯齿形运条法的立角焊操作技术。 2. 掌握管板的全位置焊操作技术。 3. 用对称焊法控制焊件的角变形。	1. 清理焊件表面的油污和锈蚀，按图样尺寸装配焊件。 2. 用 ϕ3.2 mm 的焊条，由上向下对称焊接十字接头，采用锯齿形运条法，焊缝两侧要稍做停顿，保持焊缝平整。 3. 管、板要采用水平固定，运用锯齿形和斜锯齿形运条法，分左、右两半周焊接。 4. 清理焊件，检查焊接质量。

二、板和管板的平角焊、立角焊、仰角焊

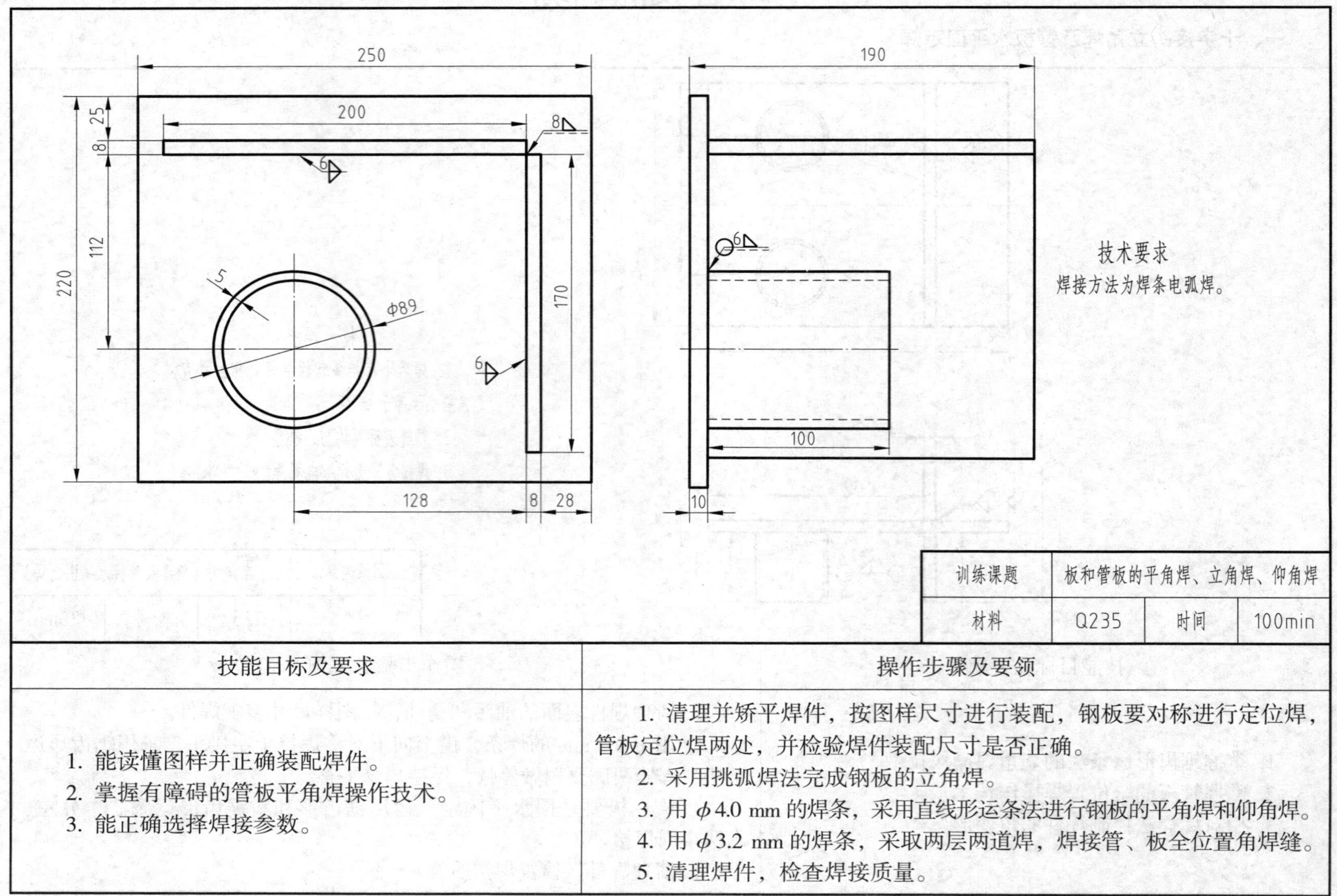

技能目标及要求	操作步骤及要领
1. 能读懂图样并正确装配焊件。 2. 掌握有障碍的管板平角焊操作技术。 3. 能正确选择焊接参数。	1. 清理并矫平焊件，按图样尺寸进行装配，钢板要对称进行定位焊，管板定位焊两处，并检验焊件装配尺寸是否正确。 2. 采用挑弧焊法完成钢板的立角焊。 3. 用 ϕ4.0 mm 的焊条，采用直线形运条法进行钢板的平角焊和仰角焊。 4. 用 ϕ3.2 mm 的焊条，采取两层两道焊，焊接管、板全位置角焊缝。 5. 清理焊件，检查焊接质量。

三、立角焊、平角焊组合焊件

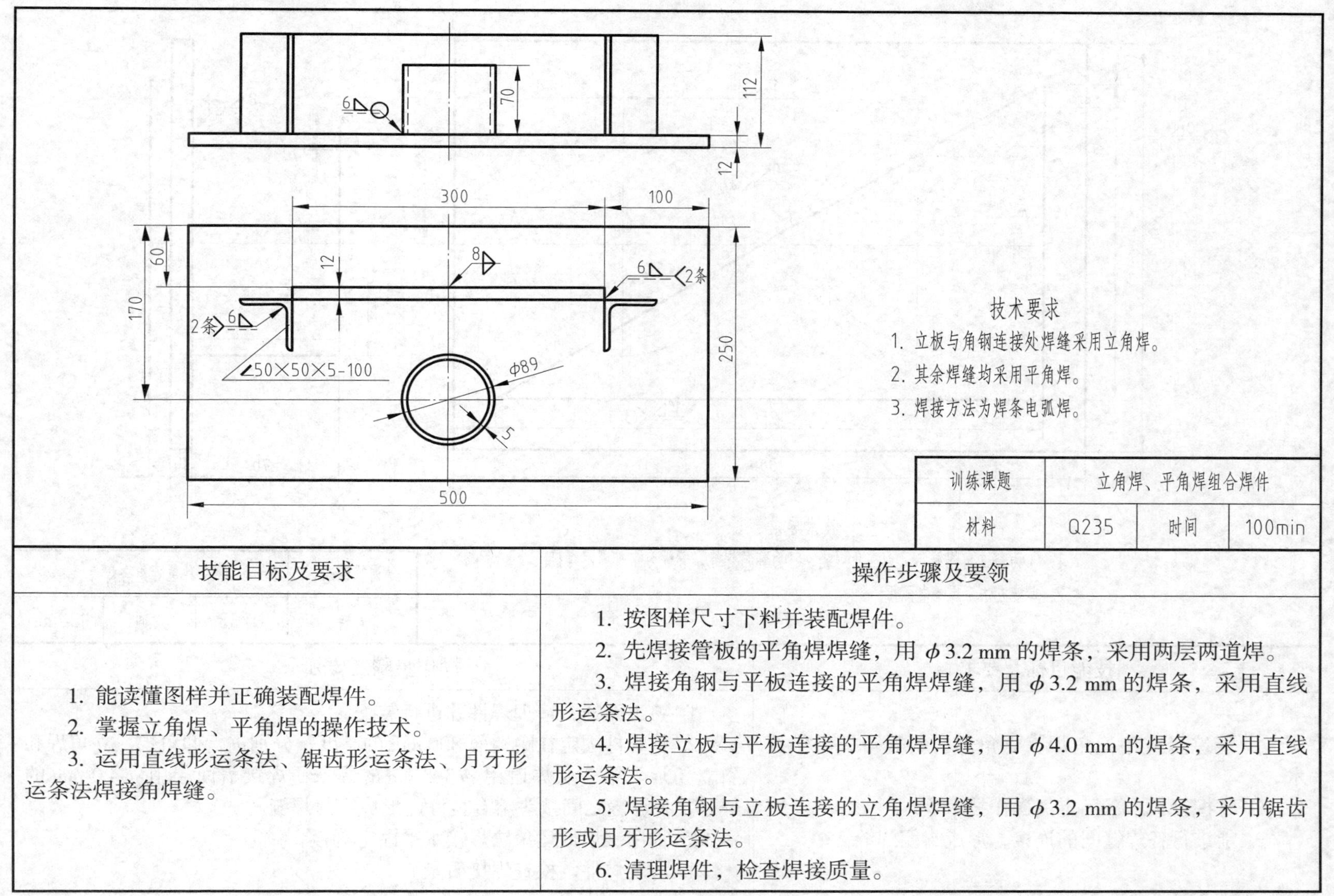

训练课题	立角焊、平角焊组合焊件		
材料	Q235	时间	100min

技能目标及要求	操作步骤及要领
1. 能读懂图样并正确装配焊件。 2. 掌握立角焊、平角焊的操作技术。 3. 运用直线形运条法、锯齿形运条法、月牙形运条法焊接角焊缝。	1. 按图样尺寸下料并装配焊件。 2. 先焊接管板的平角焊焊缝，用 ϕ3.2 mm 的焊条，采用两层两道焊。 3. 焊接角钢与平板连接的平角焊焊缝，用 ϕ3.2 mm 的焊条，采用直线形运条法。 4. 焊接立板与平板连接的平角焊焊缝，用 ϕ4.0 mm 的焊条，采用直线形运条法。 5. 焊接角钢与立板连接的立角焊焊缝，用 ϕ3.2 mm 的焊条，采用锯齿形或月牙形运条法。 6. 清理焊件，检查焊接质量。

四、多种位置组合焊件

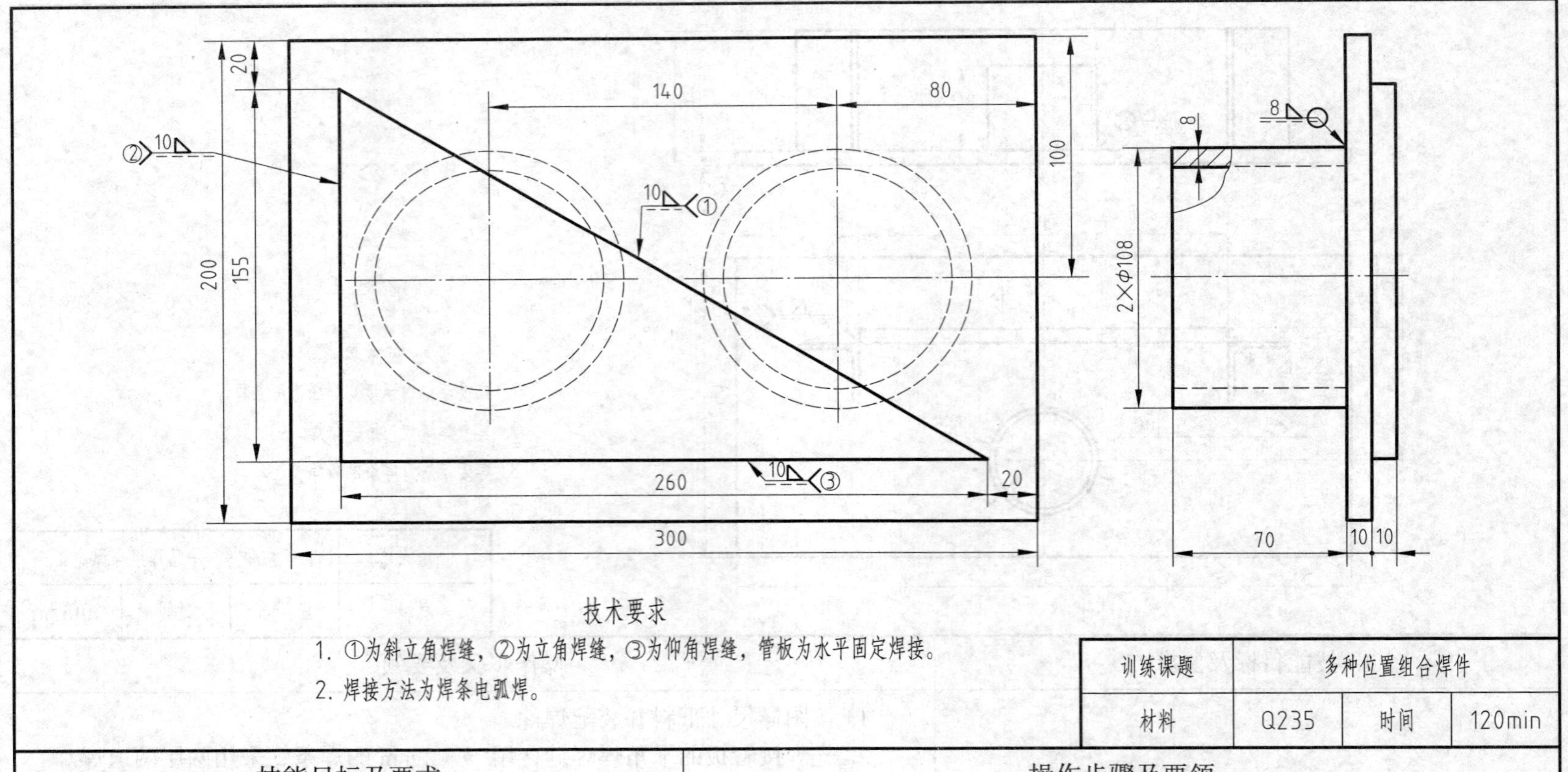

技能目标及要求	操作步骤及要领
1. 能综合应用仰角焊、立角焊、斜立角焊操作技术。 2. 掌握管板水平固定焊操作技术。 3. 能进行各焊缝间的连接，形成封闭焊缝。	1. 熟悉图样，清理焊件并进行装配。 2. 将焊件固定在距地面 800 mm 的高度，分别进行仰角焊、立角焊和斜立角焊。第一层焊道用 ϕ3.2 mm 的焊条，焊接盖面层用 ϕ4.0 mm 的焊条，各焊缝之间接头熔合良好，形成密封焊缝。 3. 采用锯齿形运条法焊接水平固定管板。 4. 清理焊件，检查焊接质量。

五、槽钢对接双面焊

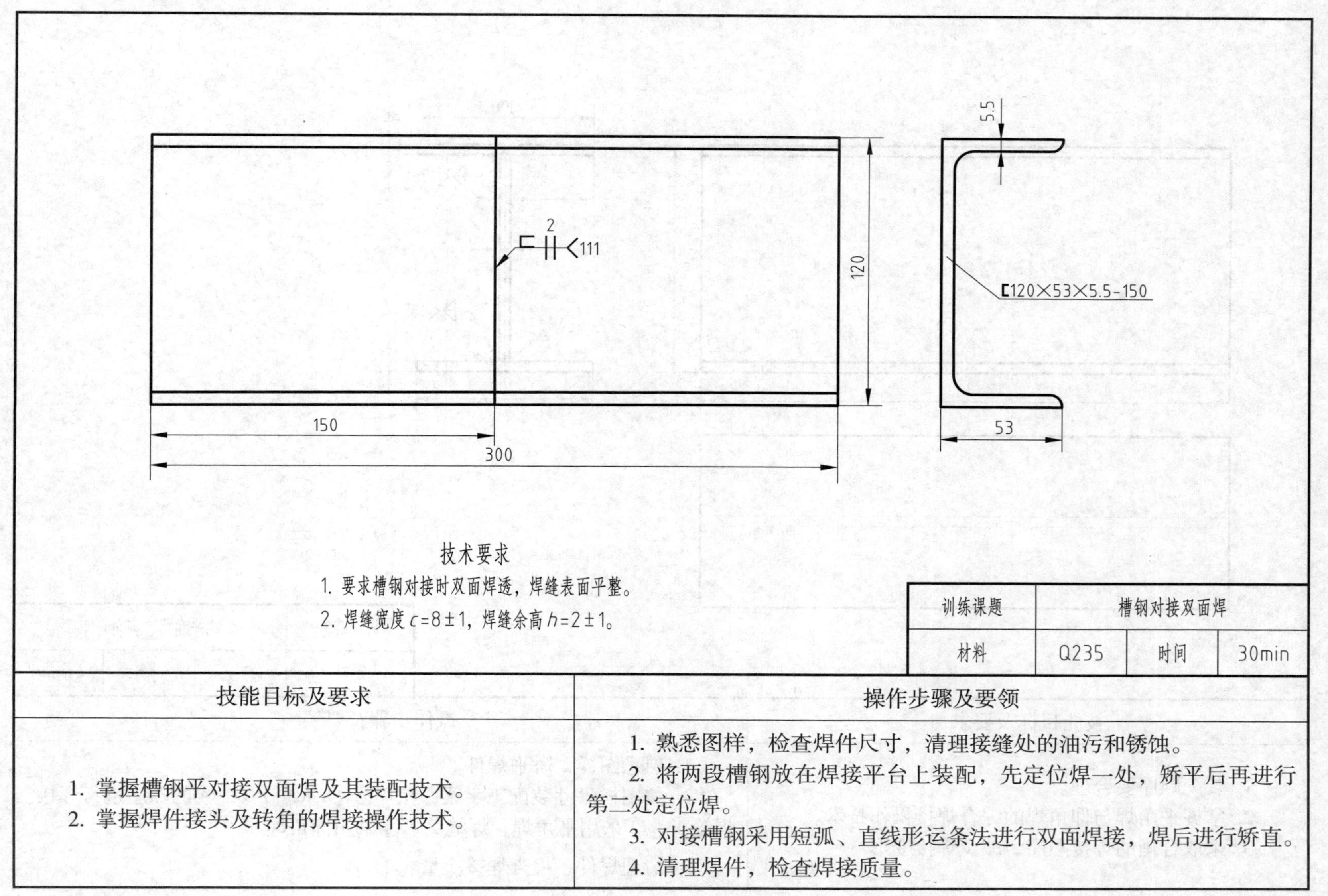

训练课题	槽钢对接双面焊		
材料	Q235	时间	30min

技能目标及要求	操作步骤及要领
1. 掌握槽钢平对接双面焊及其装配技术。 2. 掌握焊件接头及转角的焊接操作技术。	1. 熟悉图样，检查焊件尺寸，清理接缝处的油污和锈蚀。 2. 将两段槽钢放在焊接平台上装配，先定位焊一处，矫平后再进行第二处定位焊。 3. 对接槽钢采用短弧、直线形运条法进行双面焊接，焊后进行矫直。 4. 清理焊件，检查焊接质量。

六、平角焊、仰角焊

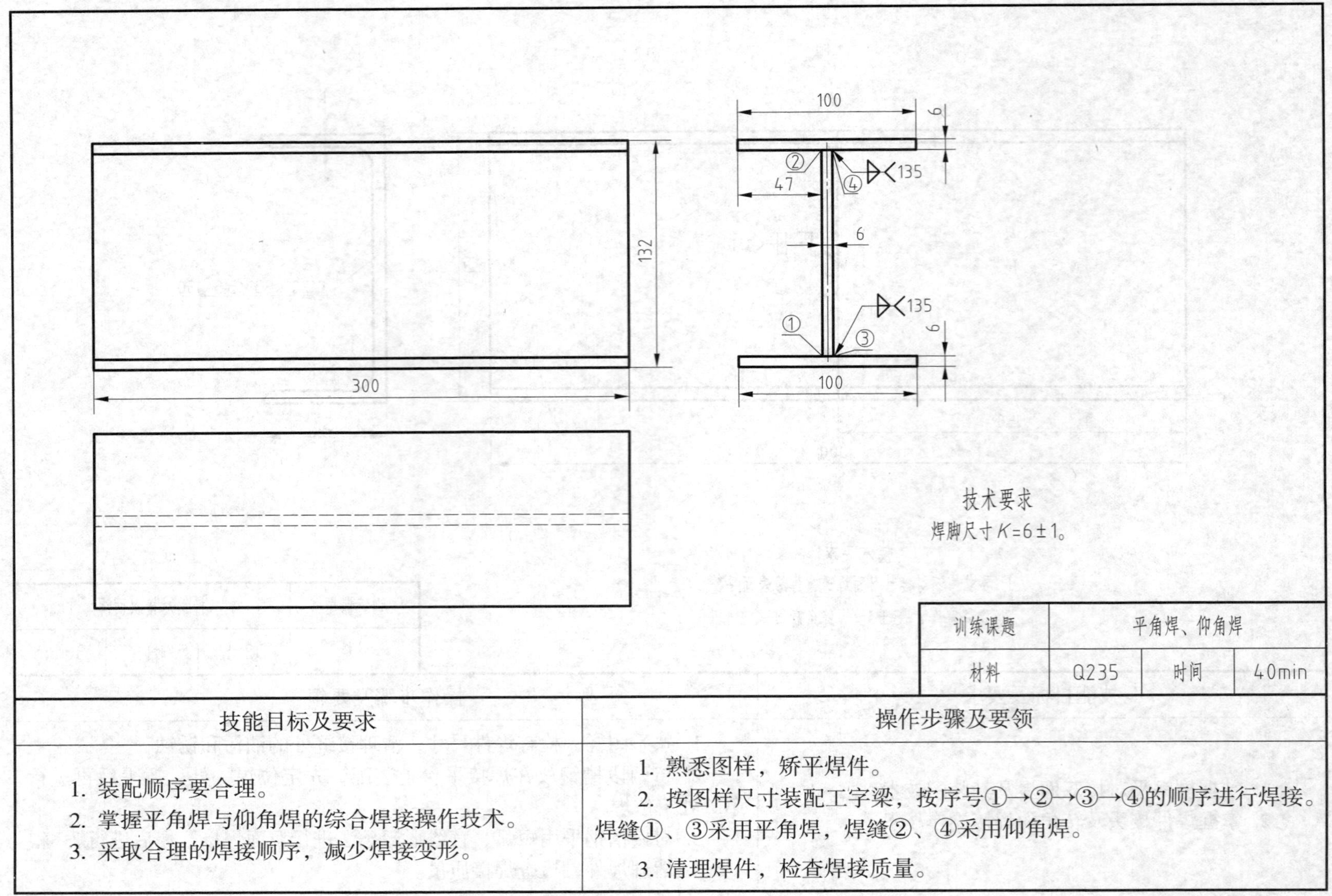

训练课题	平角焊、仰角焊		
材料	Q235	时间	40min

技能目标及要求	操作步骤及要领
1. 装配顺序要合理。 2. 掌握平角焊与仰角焊的综合焊接操作技术。 3. 采取合理的焊接顺序，减少焊接变形。	1. 熟悉图样，矫平焊件。 2. 按图样尺寸装配工字梁，按序号①→②→③→④的顺序进行焊接。焊缝①、③采用平角焊，焊缝②、④采用仰角焊。 3. 清理焊件，检查焊接质量。

七、全位置组合焊件

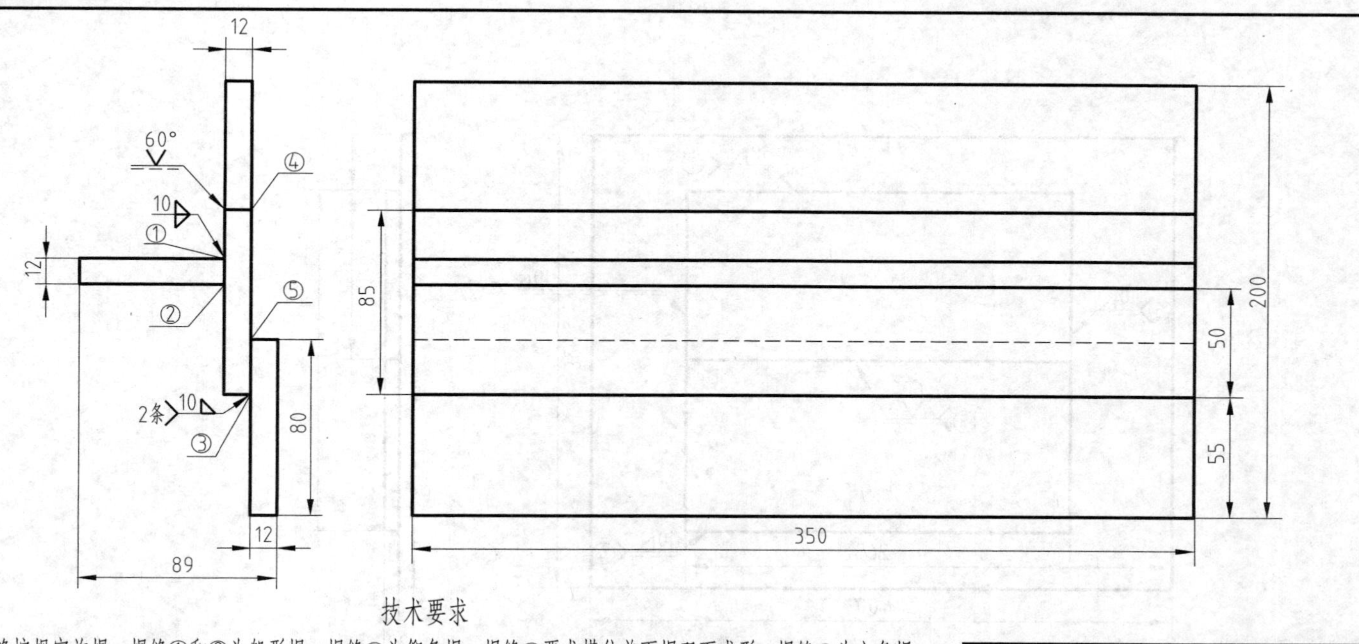

技术要求

1. 各焊缝按规定施焊。焊缝①和②为船形焊，焊缝③为仰角焊，焊缝④要求横位单面焊双面成形，焊缝⑤为立角焊。
2. 每条焊缝至少要有一处接头。
3. 焊接方法为焊条电弧焊。

训练课题	全位置组合焊件		
材料	Q235	时间	180min

技能目标及要求	操作步骤及要领
1. 掌握船形焊操作技术。 2. 掌握仰位、立位角焊操作技术。 3. 掌握V形坡口横位单面焊双面成形操作技术。 4. 能用反变形法控制对接接头的角变形。	1. 熟悉图样，装配焊件。先焊焊缝①和②，将焊件置于船形焊位置，用 ϕ4.0 mm 的焊条，采用直线形运条法进行船形焊。 2. 焊缝③采用两层两道焊，第一层用直线形运条法，第二层用斜锯齿形运条法。焊接焊缝⑤时，将焊件置于立焊位置，用 ϕ4.0 mm 的焊条，采用锯齿形运条法进行焊接。焊接焊缝④的打底层时，采用断弧焊法控制熔池温度，以防铁液下坠。填充层和盖面层均采用多层多道焊完成整个焊缝。 3. 清理焊件，检查焊接质量。

八、综合位置焊接

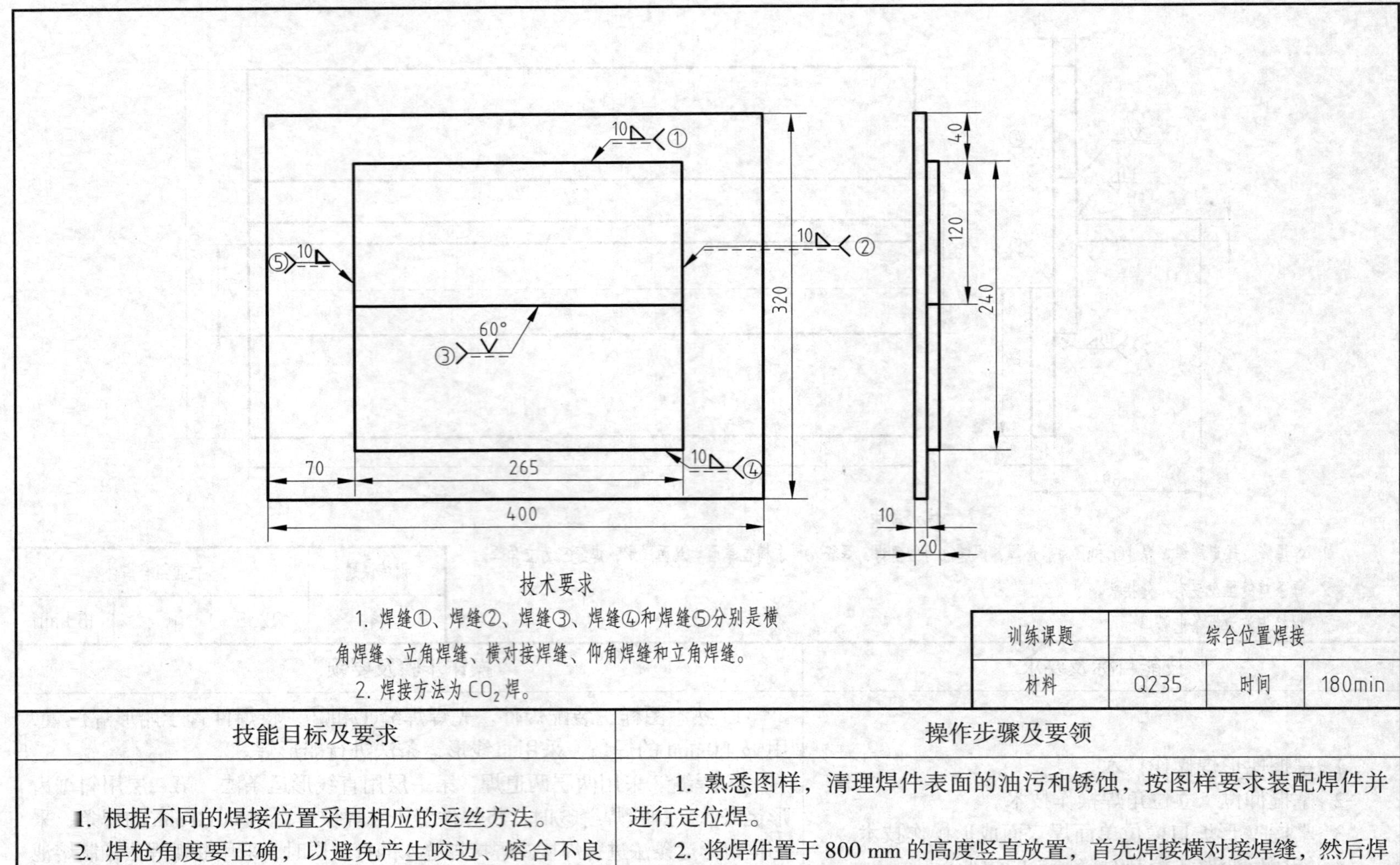

技能目标及要求	操作步骤及要领
1. 根据不同的焊接位置采用相应的运丝方法。 2. 焊枪角度要正确，以避免产生咬边、熔合不良等缺欠。	1. 熟悉图样，清理焊件表面的油污和锈蚀，按图样要求装配焊件并进行定位焊。 2. 将焊件置于 800 mm 的高度竖直放置，首先焊接横对接焊缝，然后焊接仰角焊缝、立角焊缝、横角焊缝。各焊缝间的过渡处要保证熔合良好。 3. 清理焊件，检查焊接质量。

九、组合焊件焊接

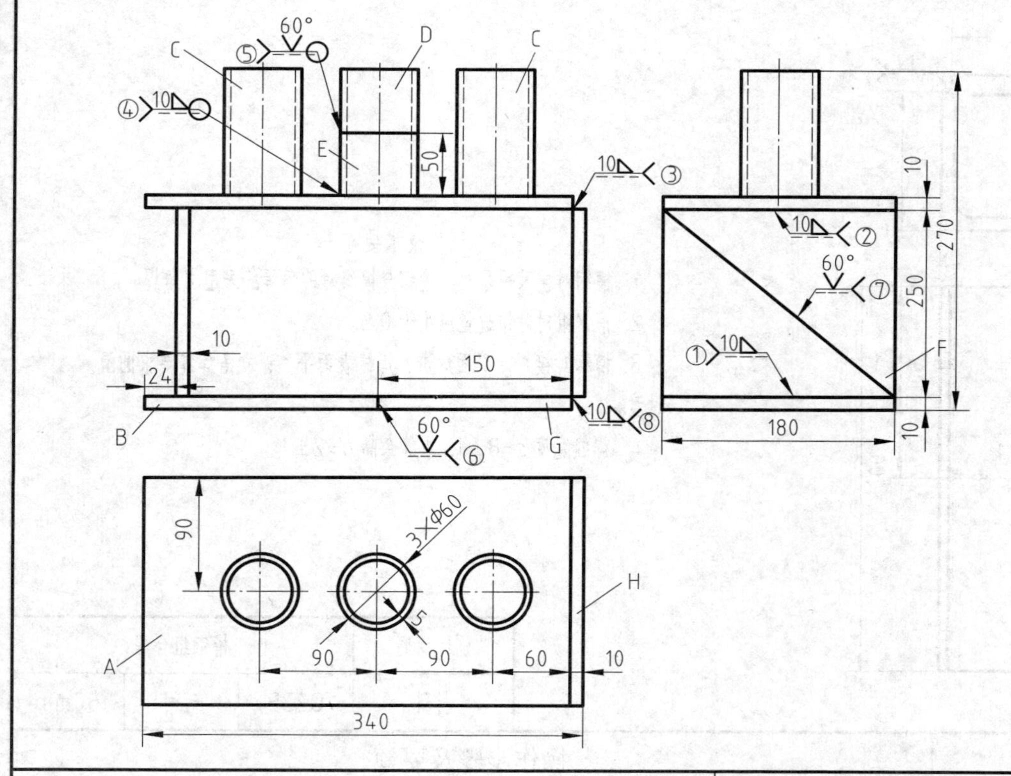

技术要求

1. 焊件中④、⑤焊缝采用手工钨极氩弧焊，其余焊缝均用焊条电弧焊。
2. 焊条电弧焊用 E5015 型焊条。
3. 焊接方法为焊条电弧焊。

件号	名称	尺寸	数量	备注
H	钢板	180×150×10	1	
G	钢板	180×150×10	1	一侧有 30° 坡口
F	钢板	180×150×10（三角形）	2	斜边有 30° 坡口
E	钢管	Φ60×5×50	1	两侧有 30° 坡口
D	钢管	Φ60×5×50	1	一侧有 30° 坡口
C	钢管	Φ60×5×100	2	
B	钢板	180×180×10	1	一侧有 30° 坡口
A	钢板	330×180×10	1	

训练课题	组合焊件焊接		
材料	Q235	时间	240min

技能目标及要求	操作步骤及要领
1. 掌握组合件的装配方法。 2. 能合理选择装配、焊接顺序。 3. 掌握手工钨极氩弧焊的操作技术。 4. 掌握焊条电弧焊的操作技术。	1. 熟悉图样，按图样中各部件尺寸备料，装配焊件，进行定位焊。 2. 用手工钨极氩弧焊完成有障碍垂直固定管焊缝⑤和垂直固定管板焊缝④的焊接。 3. 用焊条电弧焊焊接仰对接焊缝⑥、仰角焊缝⑧和②、横角焊缝①和③、斜立焊缝⑦。 4. 清理焊件，检查焊接质量。

十、槽钢组合焊

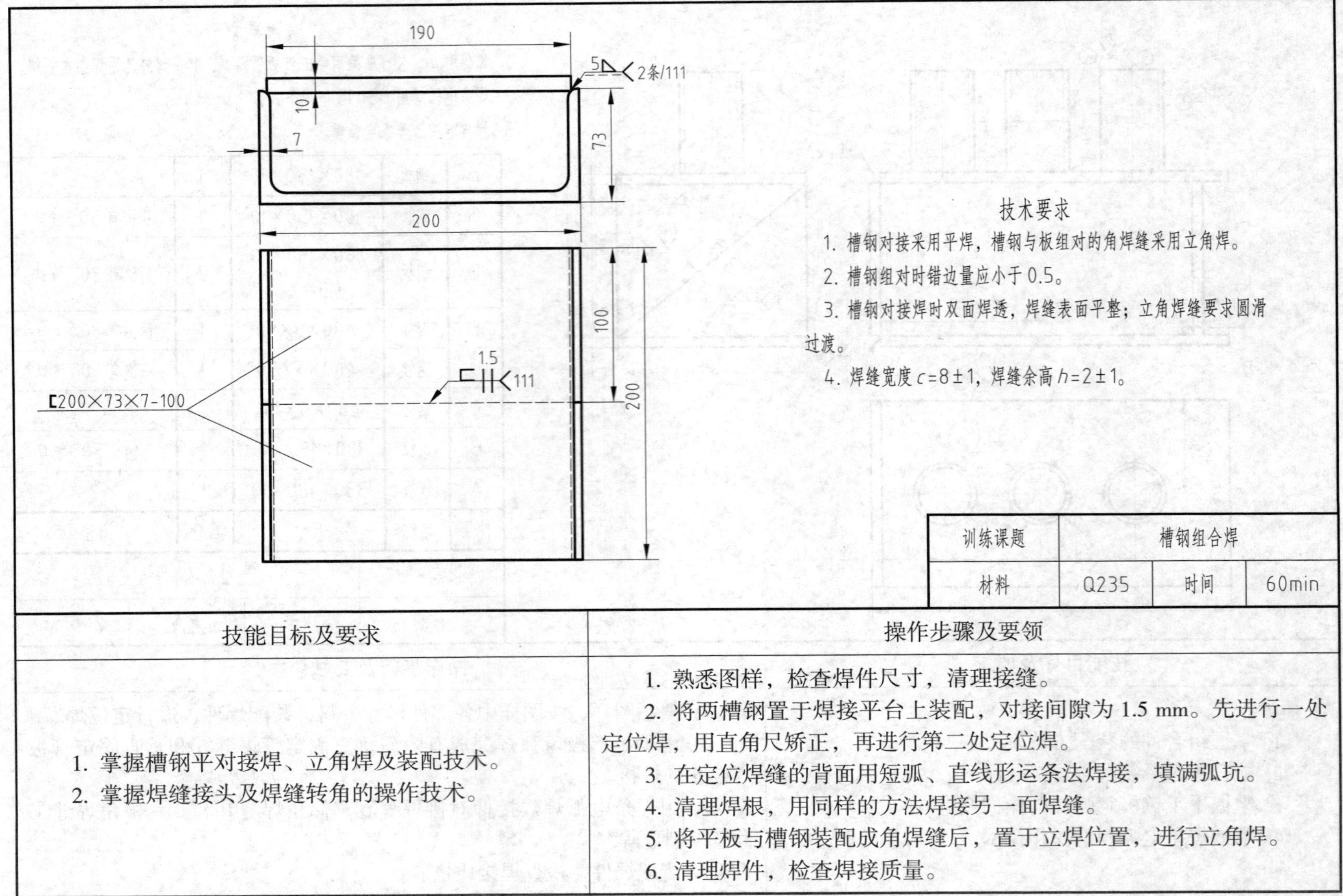

技能目标及要求	操作步骤及要领
1. 掌握槽钢平对接焊、立角焊及装配技术。 2. 掌握焊缝接头及焊缝转角的操作技术。	1. 熟悉图样，检查焊件尺寸，清理接缝。 2. 将两槽钢置于焊接平台上装配，对接间隙为1.5 mm。先进行一处定位焊，用直角尺矫正，再进行第二处定位焊。 3. 在定位焊缝的背面用短弧、直线形运条法焊接，填满弧坑。 4. 清理焊根，用同样的方法焊接另一面焊缝。 5. 将平板与槽钢装配成角焊缝后，置于立焊位置，进行立角焊。 6. 清理焊件，检查焊接质量。

十一、型钢梁的焊接

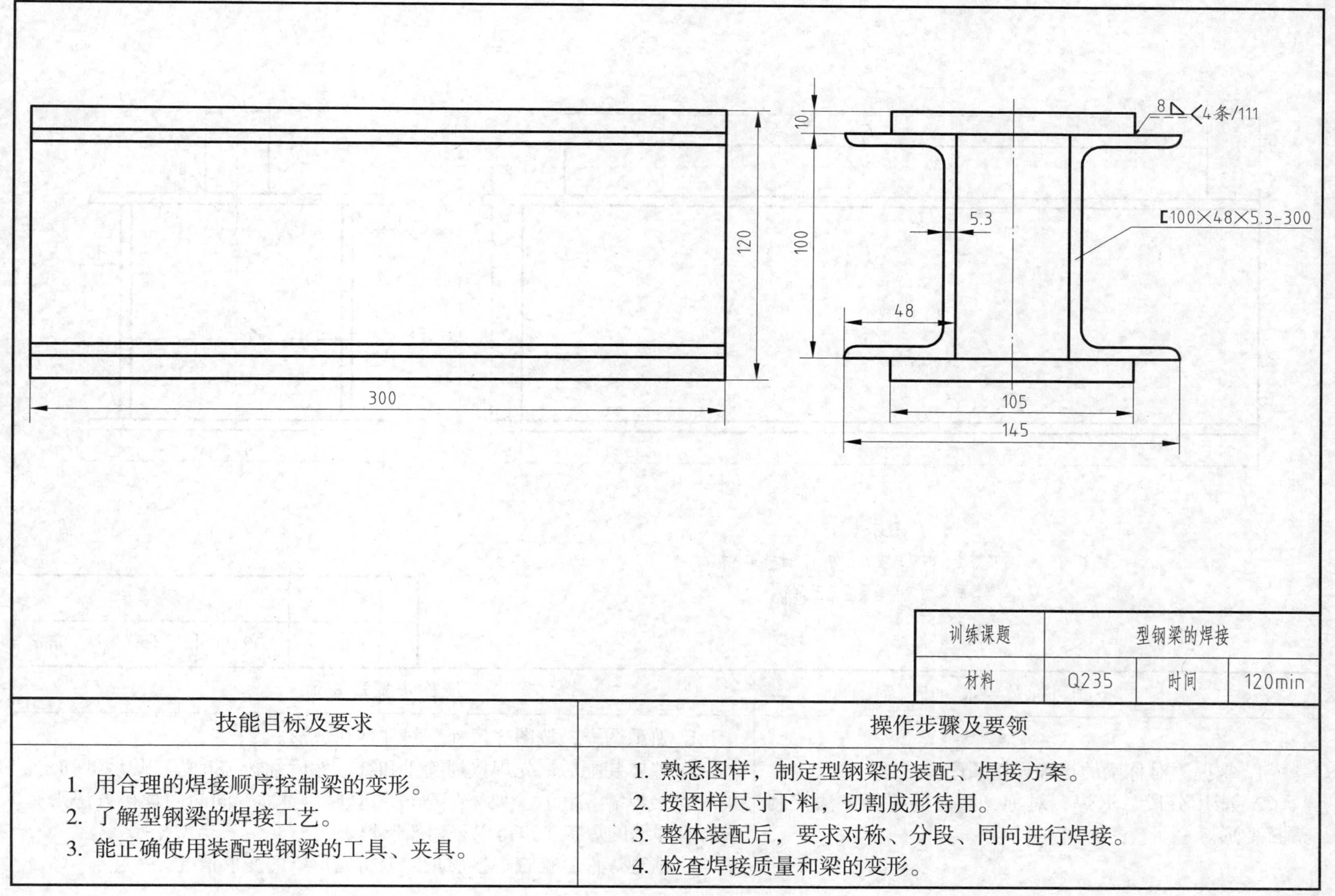

技能目标及要求	操作步骤及要领
1. 用合理的焊接顺序控制梁的变形。 2. 了解型钢梁的焊接工艺。 3. 能正确使用装配型钢梁的工具、夹具。	1. 熟悉图样，制定型钢梁的装配、焊接方案。 2. 按图样尺寸下料，切割成形待用。 3. 整体装配后，要求对称、分段、同向进行焊接。 4. 检查焊接质量和梁的变形。

十二、箱形梁的焊接

技术要求

1. 焊接梁全长的直线度公差为5，扭曲值小于2。
2. 全部焊脚截面应为等腰直角三角形。

训练课题	箱形梁的焊接		
材料	Q235	时间	120min

技能目标及要求	操作步骤及要领
1. 掌握不对称梁的正确焊接顺序。 2. 能用分段、退焊、对称、同向的焊接方法控制焊接变形。	1. 熟悉图样，按图样尺寸下料并剪切成形。 2. 整体装配后，先焊接焊缝①和②，然后翻转180°焊接焊缝③和④，最后焊接焊缝⑤和⑥。要采用分段、退焊、对称、同向的焊接方法来完成所有焊缝的焊接（也可以采用船形焊）。 3. 清理焊件，检查焊接质量，分析箱形梁的变形情况。

十三、模拟梁的焊接

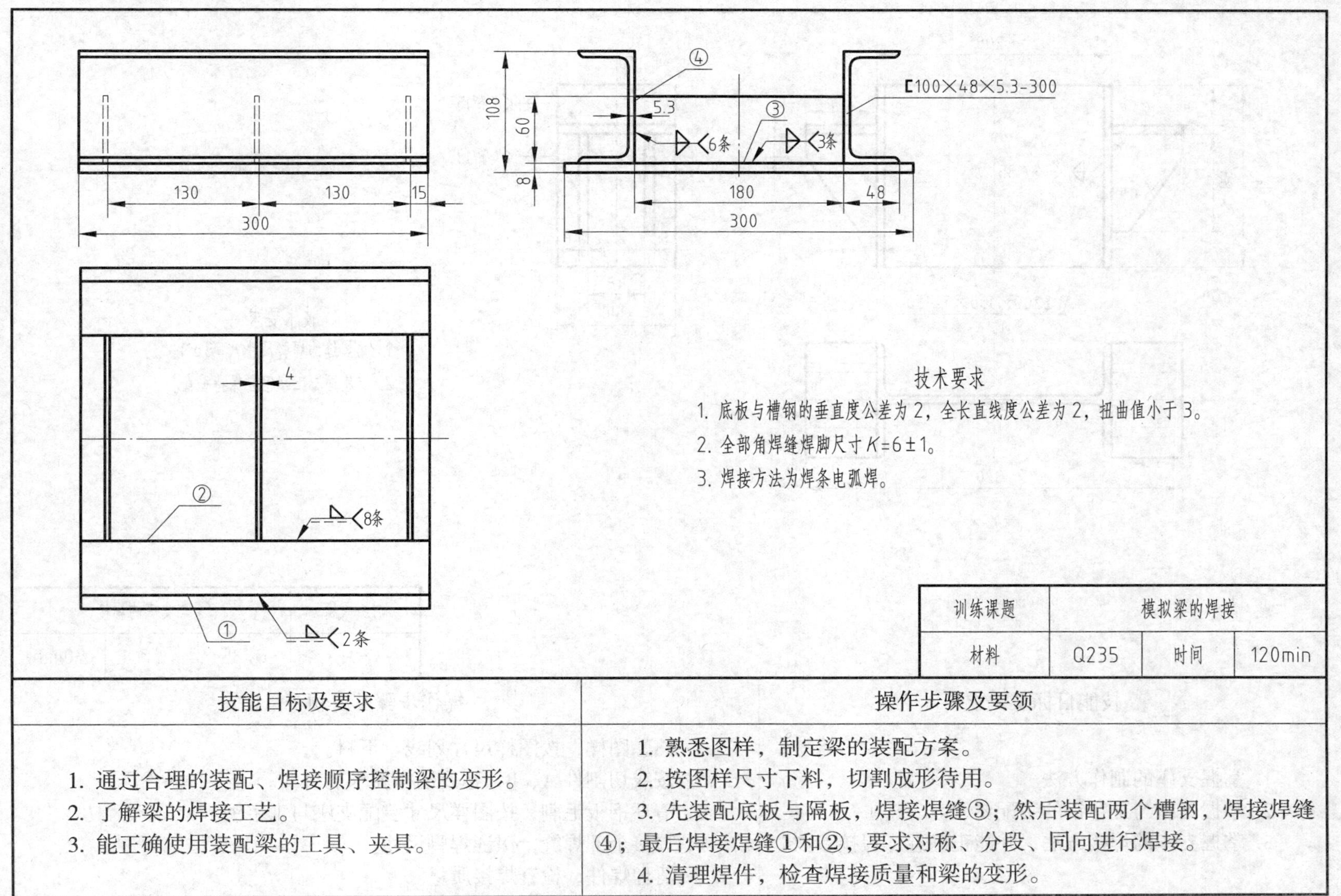

技能目标及要求	操作步骤及要领
1. 通过合理的装配、焊接顺序控制梁的变形。 2. 了解梁的焊接工艺。 3. 能正确使用装配梁的工具、夹具。	1. 熟悉图样，制定梁的装配方案。 2. 按图样尺寸下料，切割成形待用。 3. 先装配底板与隔板，焊接焊缝③；然后装配两个槽钢，焊接焊缝④；最后焊接焊缝①和②，要求对称、分段、同向进行焊接。 4. 清理焊件，检查焊接质量和梁的变形。

十四、梁与支座的焊接

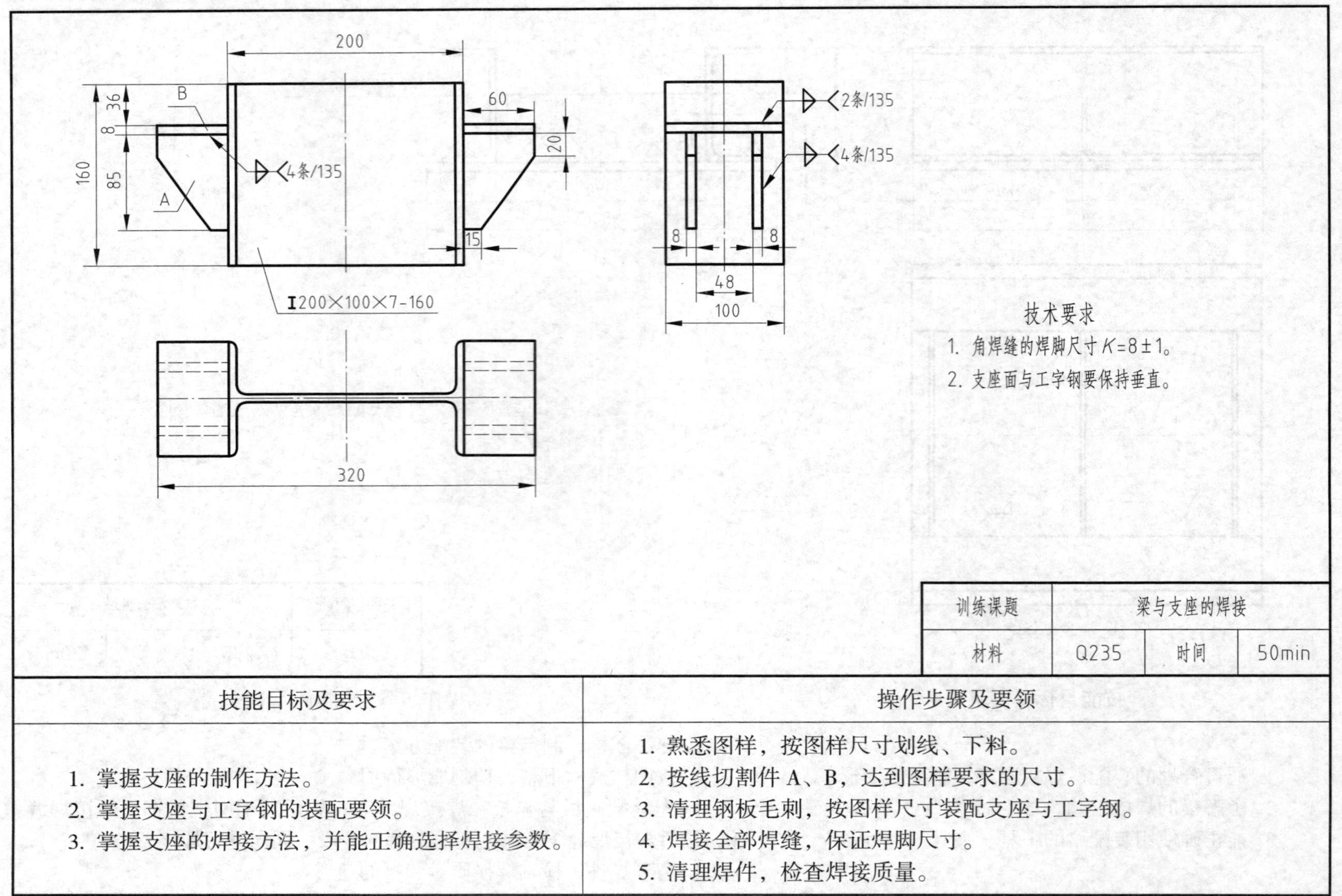

训练课题	梁与支座的焊接		
材料	Q235	时间	50min

技能目标及要求	操作步骤及要领
1. 掌握支座的制作方法。 2. 掌握支座与工字钢的装配要领。 3. 掌握支座的焊接方法，并能正确选择焊接参数。	1. 熟悉图样，按图样尺寸划线、下料。 2. 按线切割件A、B，达到图样要求的尺寸。 3. 清理钢板毛刺，按图样尺寸装配支座与工字钢。 4. 焊接全部焊缝，保证焊脚尺寸。 5. 清理焊件，检查焊接质量。

十五、焊接工作台的制作

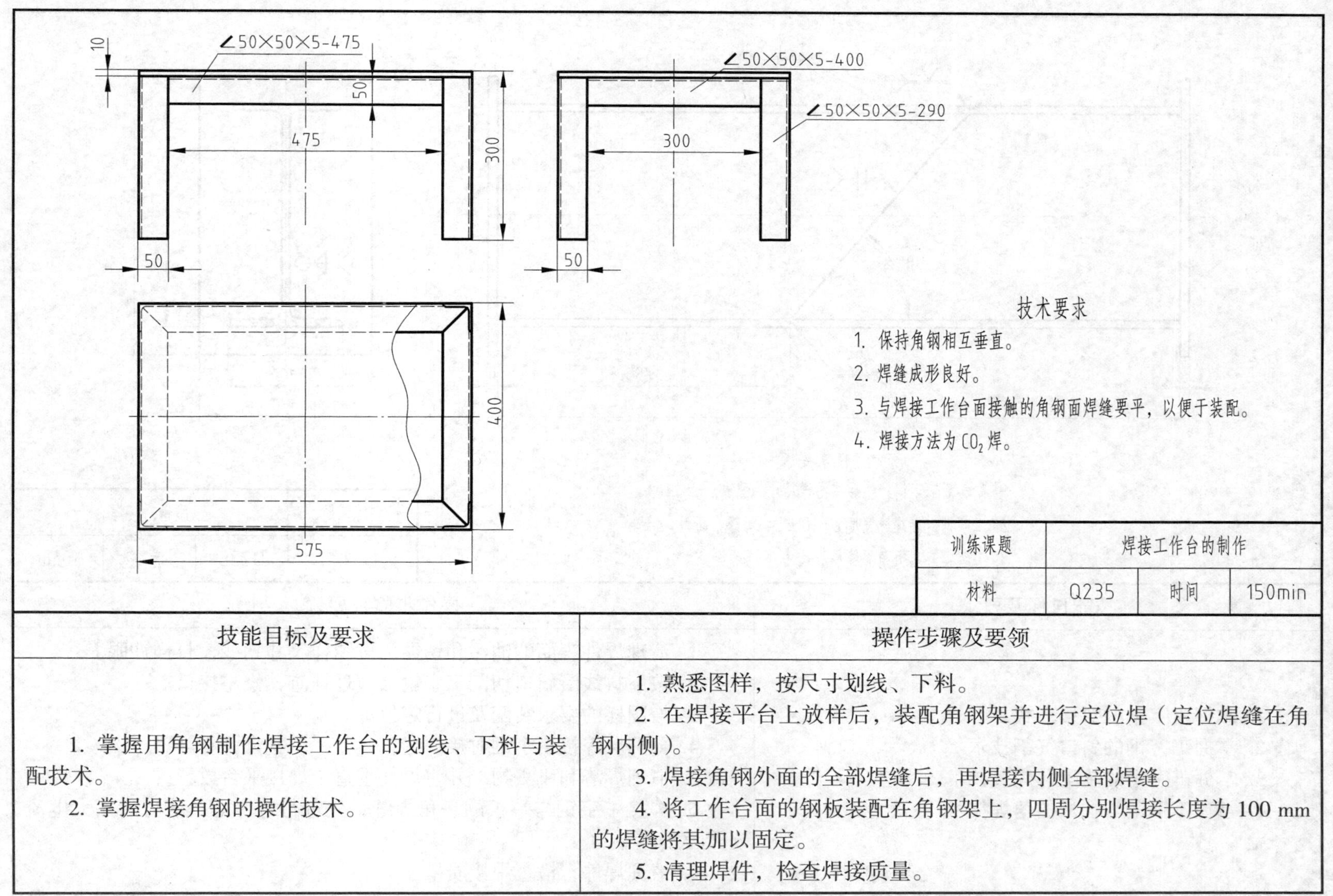

训练课题	焊接工作台的制作		
材料	Q235	时间	150min

技能目标及要求	操作步骤及要领
1. 掌握用角钢制作焊接工作台的划线、下料与装配技术。 2. 掌握焊接角钢的操作技术。	1. 熟悉图样，按尺寸划线、下料。 2. 在焊接平台上放样后，装配角钢架并进行定位焊（定位焊缝在角钢内侧）。 3. 焊接角钢外面的全部焊缝后，再焊接内侧全部焊缝。 4. 将工作台面的钢板装配在角钢架上，四周分别焊接长度为 100 mm 的焊缝将其加以固定。 5. 清理焊件，检查焊接质量。

十六、型钢对接焊

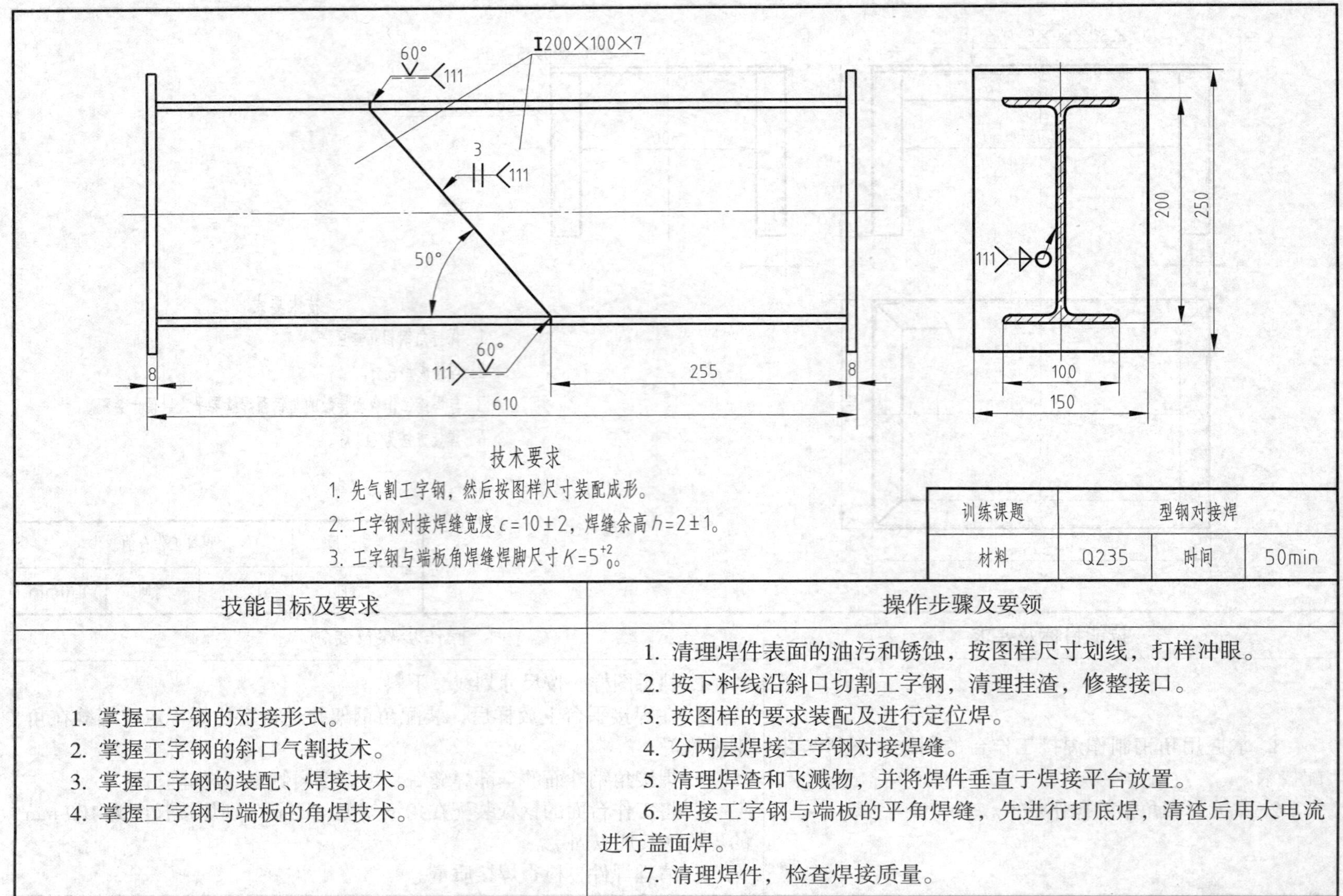

训练课题	型钢对接焊		
材料	Q235	时间	50min

技能目标及要求	操作步骤及要领
1. 掌握工字钢的对接形式。 2. 掌握工字钢的斜口气割技术。 3. 掌握工字钢的装配、焊接技术。 4. 掌握工字钢与端板的角焊技术。	1. 清理焊件表面的油污和锈蚀，按图样尺寸划线，打样冲眼。 2. 按下料线沿斜口切割工字钢，清理挂渣，修整接口。 3. 按图样的要求装配及进行定位焊。 4. 分两层焊接工字钢对接焊缝。 5. 清理焊渣和飞溅物，并将焊件垂直于焊接平台放置。 6. 焊接工字钢与端板的平角焊缝，先进行打底焊，清渣后用大电流进行盖面焊。 7. 清理焊件，检查焊接质量。

十七、工字梁平角焊

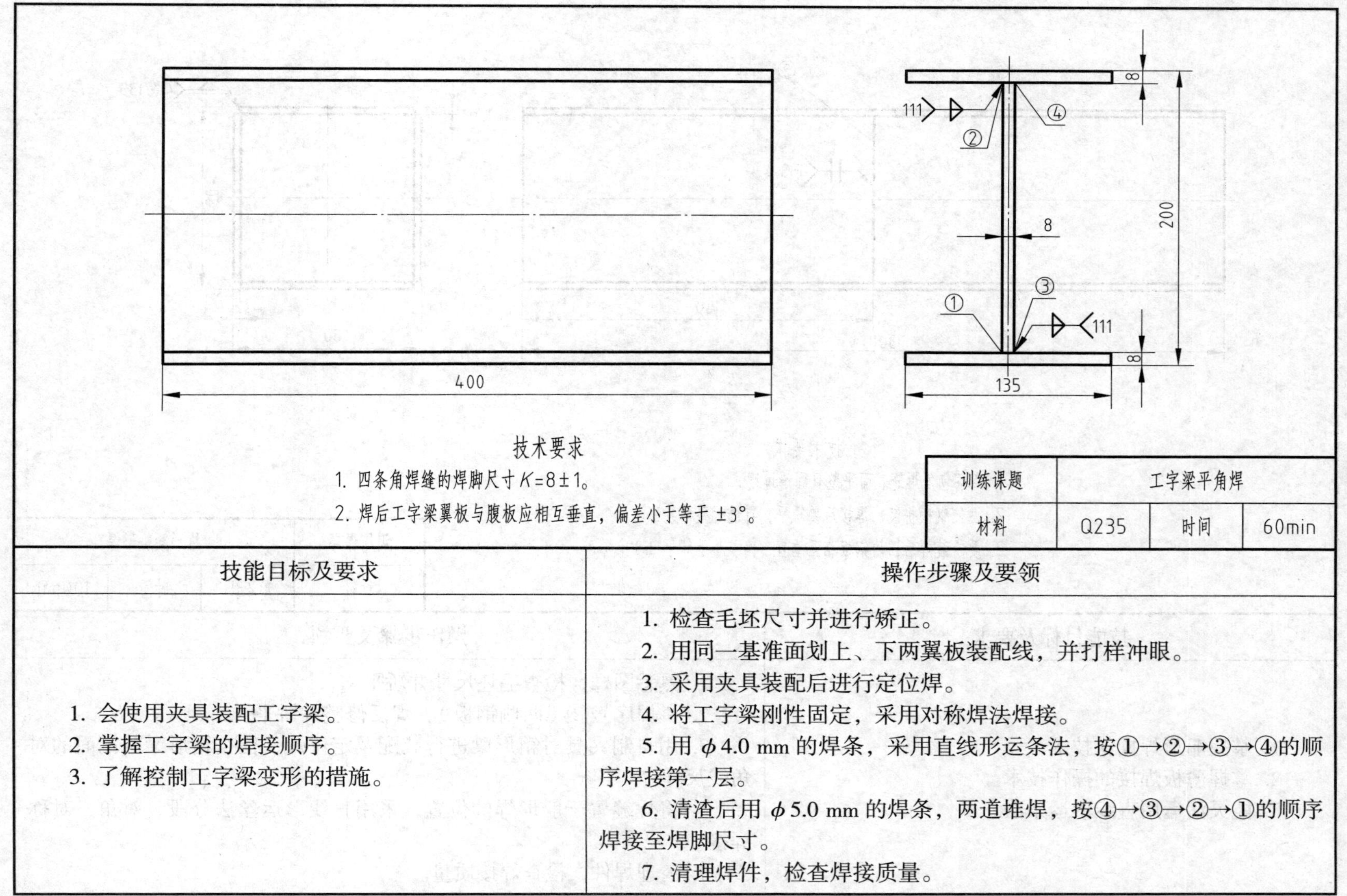

技术要求

1. 四条角焊缝的焊脚尺寸 $K=8\pm1$。
2. 焊后工字梁翼板与腹板应相互垂直，偏差小于等于 ±3°。

训练课题	工字梁平角焊		
材料	Q235	时间	60min

技能目标及要求	操作步骤及要领
1. 会使用夹具装配工字梁。 2. 掌握工字梁的焊接顺序。 3. 了解控制工字梁变形的措施。	1. 检查毛坯尺寸并进行矫正。 2. 用同一基准面划上、下两翼板装配线，并打样冲眼。 3. 采用夹具装配后进行定位焊。 4. 将工字梁刚性固定，采用对称焊法焊接。 5. 用 ϕ4.0 mm 的焊条，采用直线形运条法，按①→②→③→④的顺序焊接第一层。 6. 清渣后用 ϕ5.0 mm 的焊条，两道堆焊，按④→③→②→①的顺序焊接至焊脚尺寸。 7. 清理焊件，检查焊接质量。

十八、箱形梁船形焊

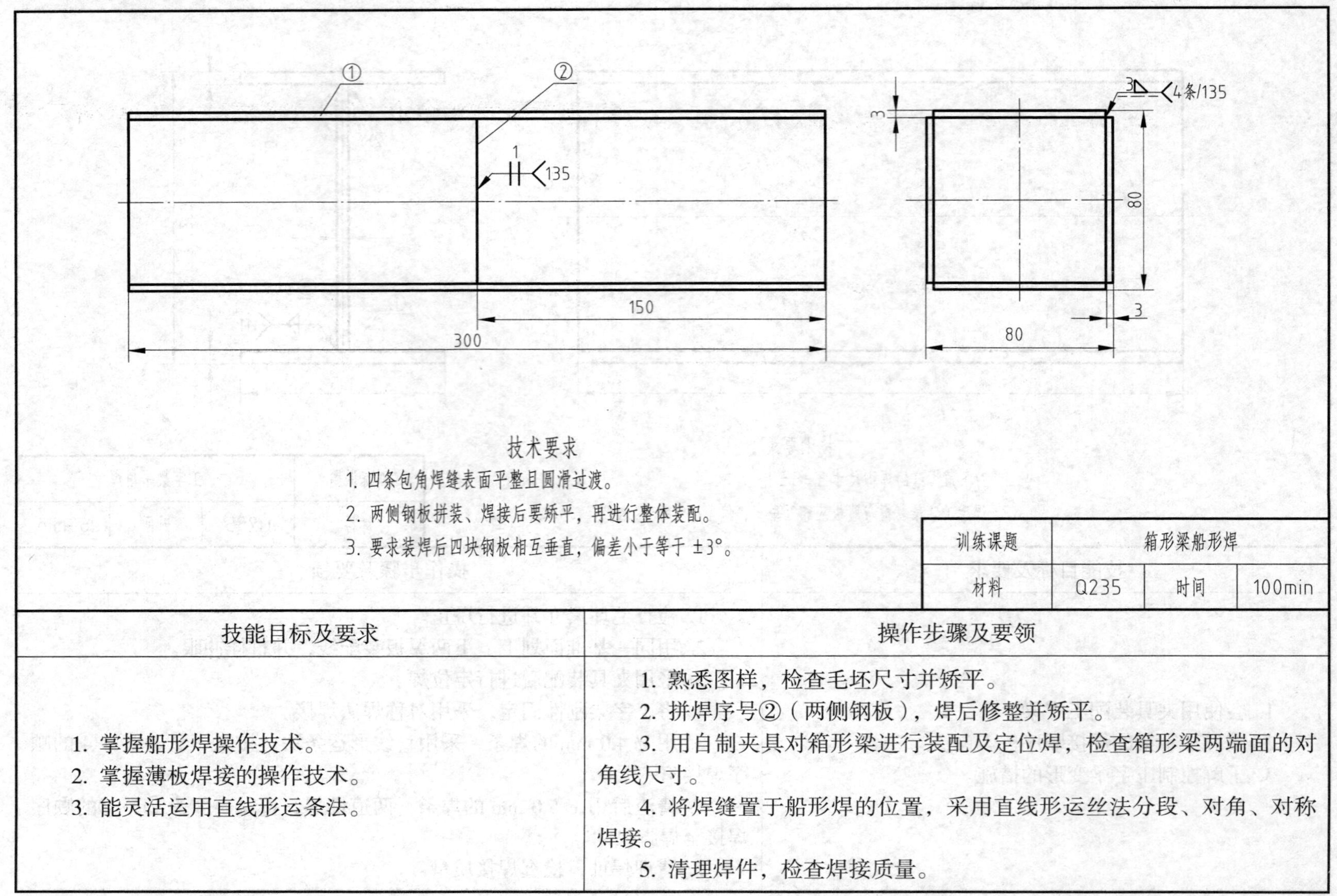

训练课题	箱形梁船形焊		
材料	Q235	时间	100min

技能目标及要求	操作步骤及要领
1. 掌握船形焊操作技术。 2. 掌握薄板焊接的操作技术。 3. 能灵活运用直线形运条法。	1. 熟悉图样，检查毛坯尺寸并矫平。 2. 拼焊序号②（两侧钢板），焊后修整并矫平。 3. 用自制夹具对箱形梁进行装配及定位焊，检查箱形梁两端面的对角线尺寸。 4. 将焊缝置于船形焊的位置，采用直线形运丝法分段、对角、对称焊接。 5. 清理焊件，检查焊接质量。

十九、方管翼板角焊

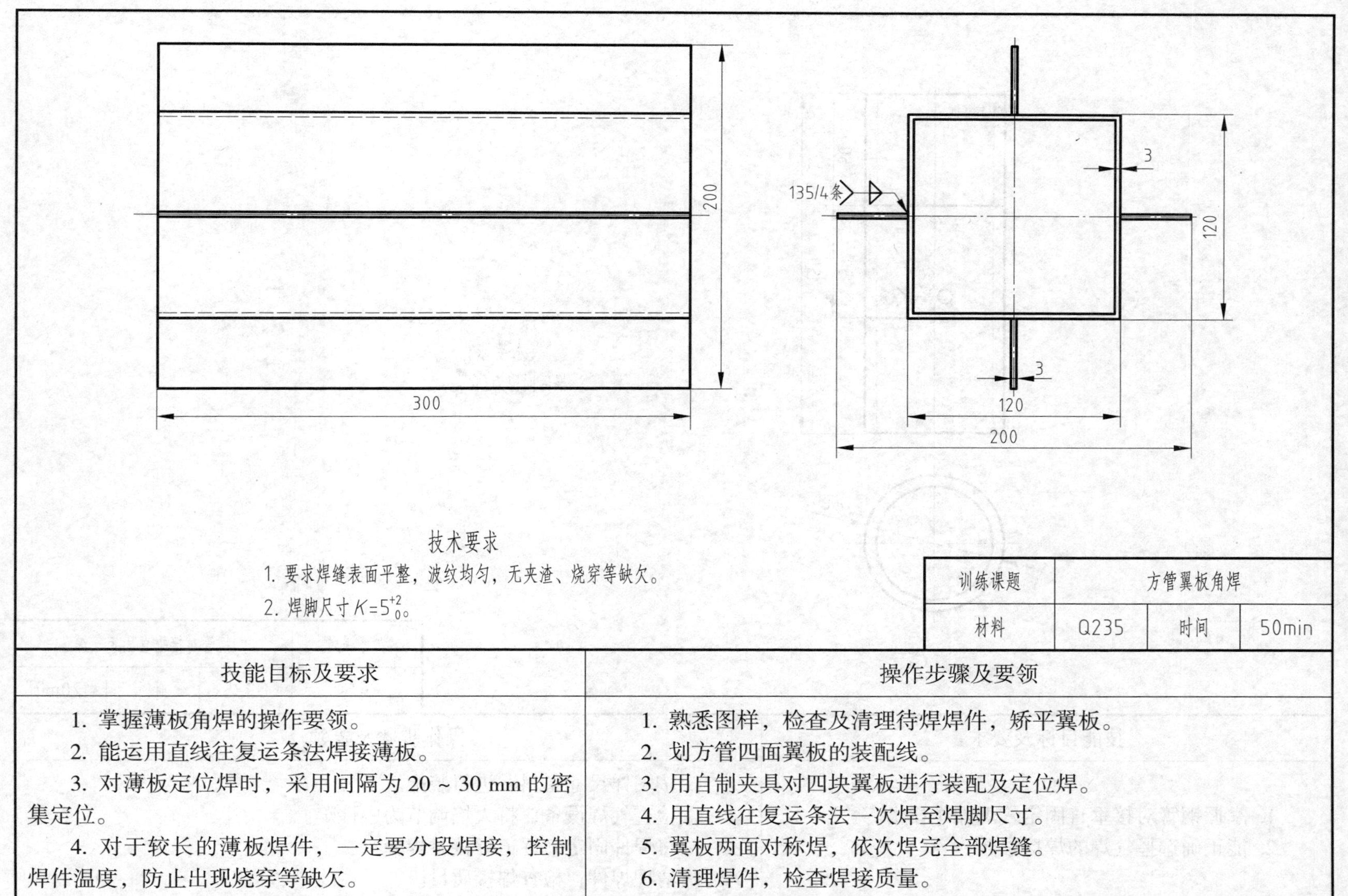

训练课题	方管翼板角焊		
材料	Q235	时间	50min

技能目标及要求	操作步骤及要领
1. 掌握薄板角焊的操作要领。 2. 能运用直线往复运条法焊接薄板。 3. 对薄板定位焊时，采用间隔为 20 ~ 30 mm 的密集定位。 4. 对于较长的薄板焊件，一定要分段焊接，控制焊件温度，防止出现烧穿等缺欠。	1. 熟悉图样，检查及清理待焊焊件，矫平翼板。 2. 划方管四面翼板的装配线。 3. 用自制夹具对四块翼板进行装配及定位焊。 4. 用直线往复运条法一次焊至焊脚尺寸。 5. 翼板两面对称焊，依次焊完全部焊缝。 6. 清理焊件，检查焊接质量。

二十、钢管对接垂直固定气焊

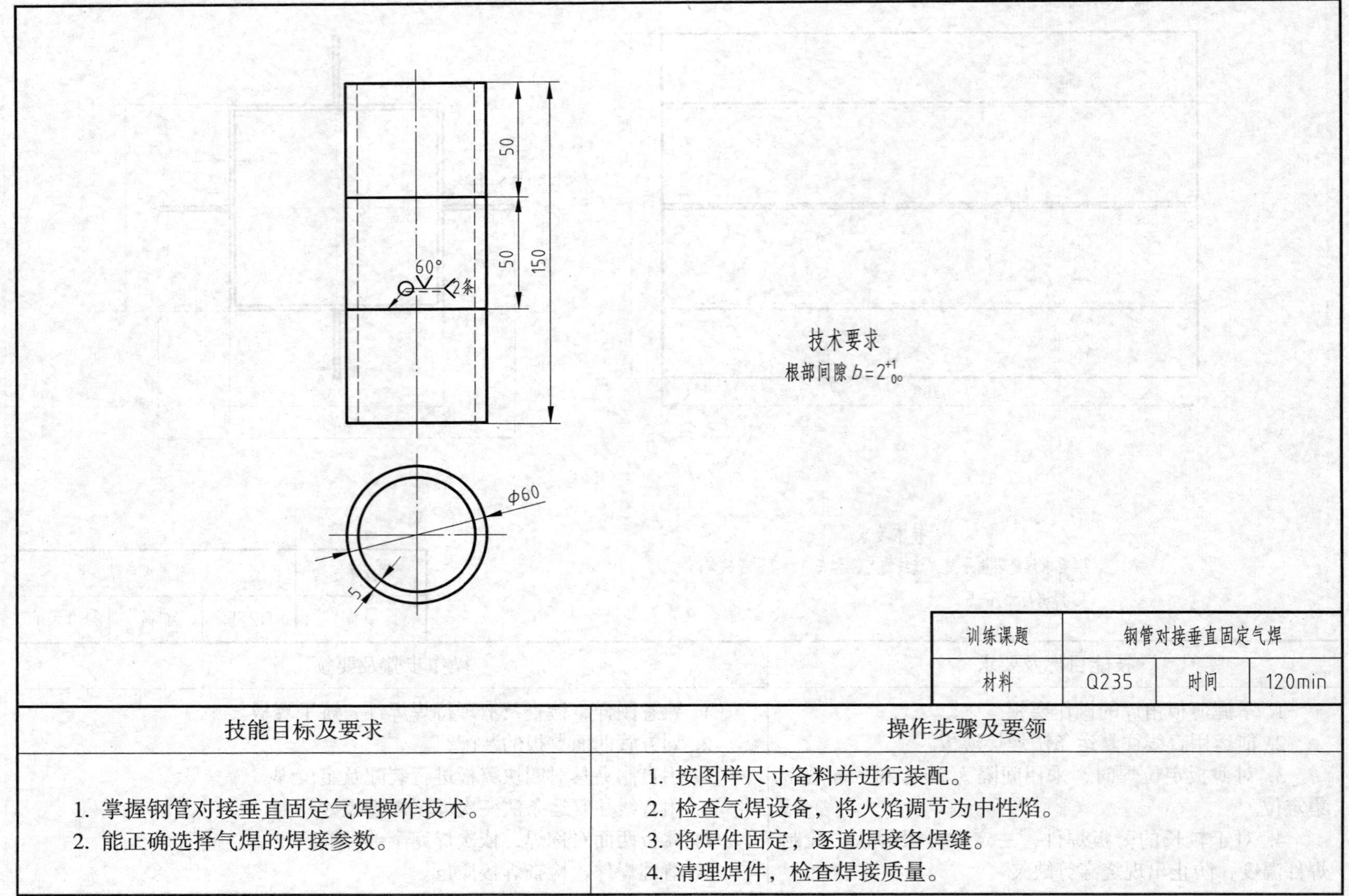

训练课题	钢管对接垂直固定气焊		
材料	Q235	时间	120min

技能目标及要求	操作步骤及要领
1. 掌握钢管对接垂直固定气焊操作技术。 2. 能正确选择气焊的焊接参数。	1. 按图样尺寸备料并进行装配。 2. 检查气焊设备，将火焰调节为中性焰。 3. 将焊件固定，逐道焊接各焊缝。 4. 清理焊件，检查焊接质量。

二十一、薄板气焊

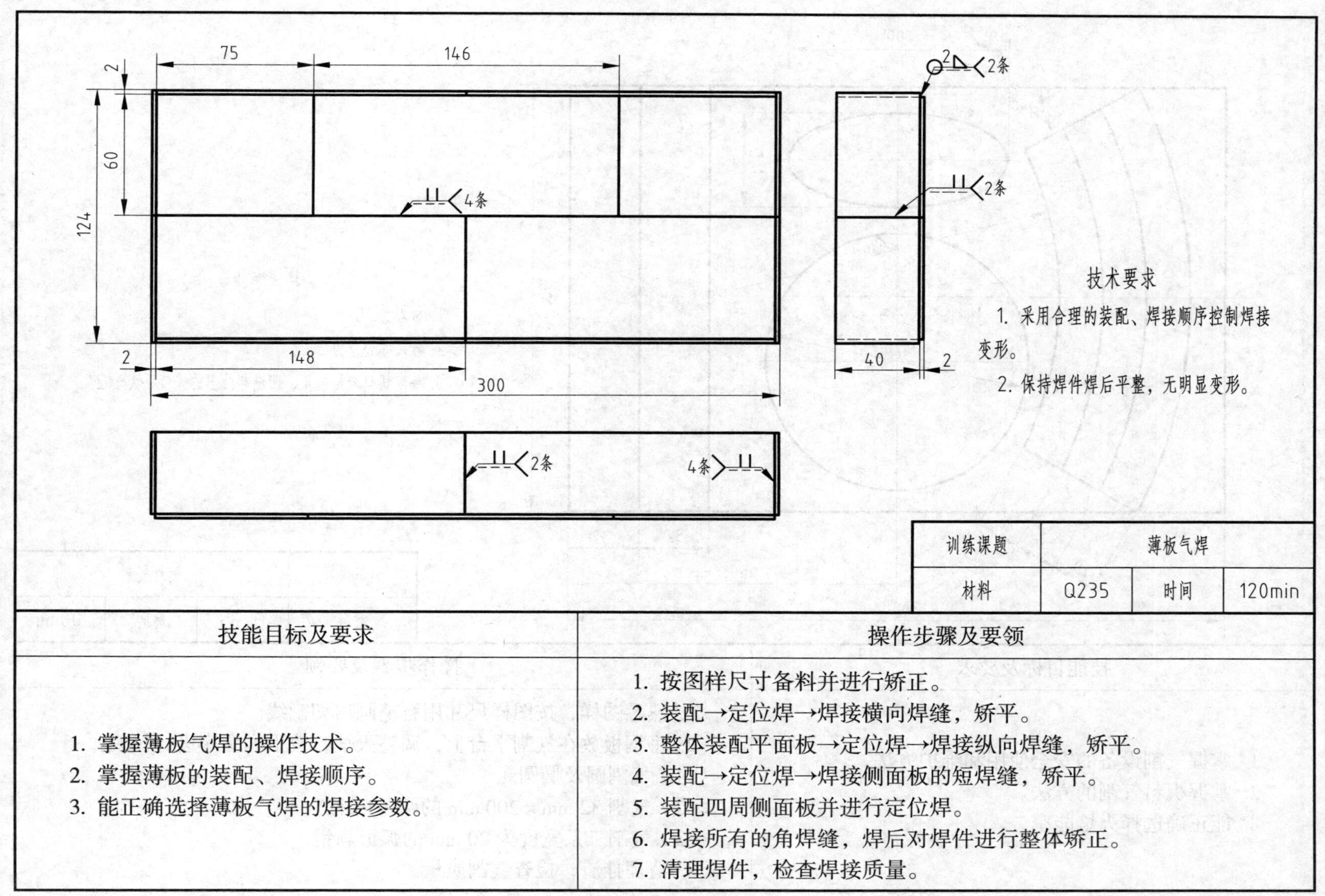

技能目标及要求	操作步骤及要领
1. 掌握薄板气焊的操作技术。 2. 掌握薄板的装配、焊接顺序。 3. 能正确选择薄板气焊的焊接参数。	1. 按图样尺寸备料并进行矫正。 2. 装配→定位焊→焊接横向焊缝，矫平。 3. 整体装配平面板→定位焊→焊接纵向焊缝，矫平。 4. 装配→定位焊→焊接侧面板的短焊缝，矫平。 5. 装配四周侧面板并进行定位焊。 6. 焊接所有的角焊缝，焊后对焊件进行整体矫正。 7. 清理焊件，检查焊接质量。

二十二、板材气割

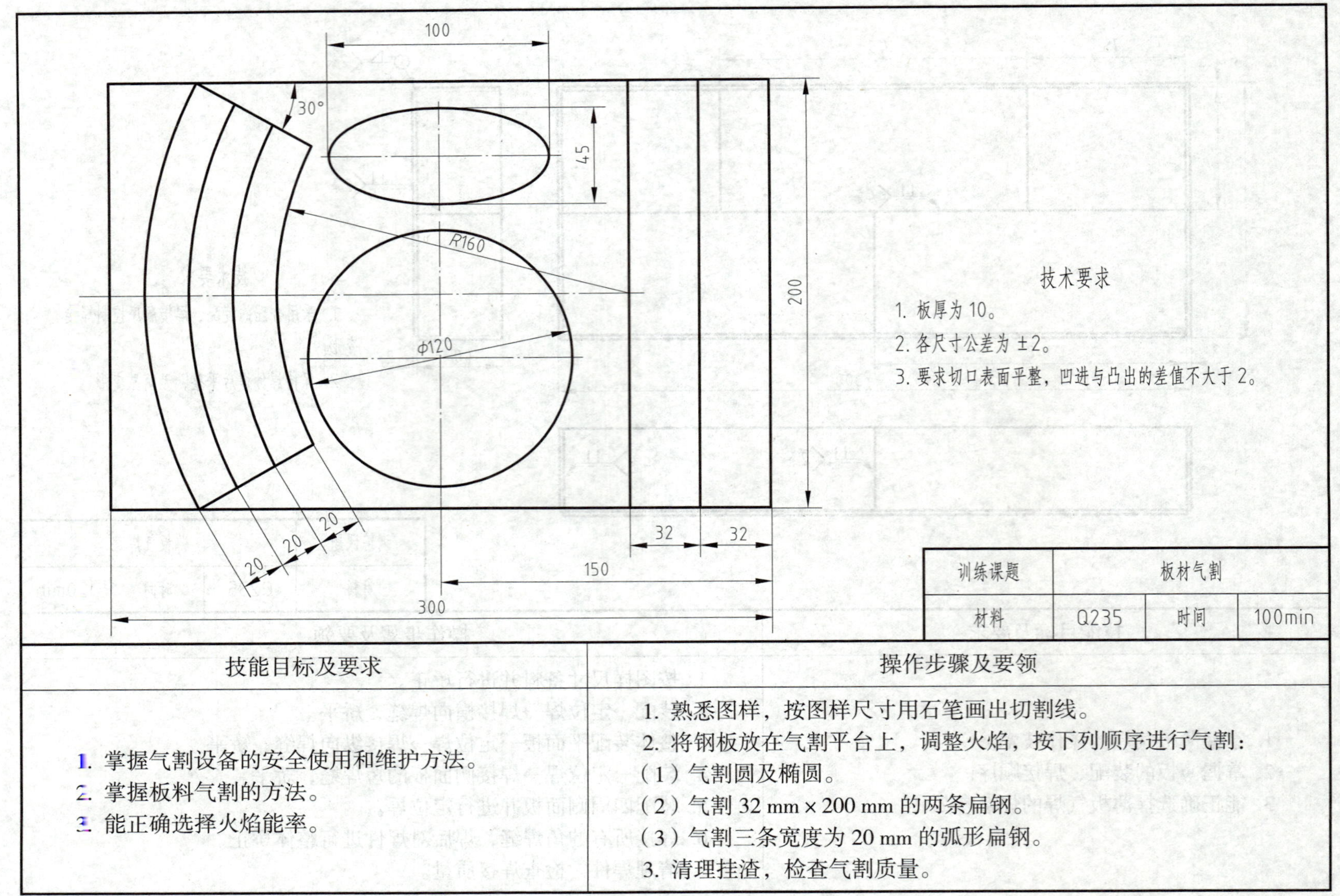

技能目标及要求	操作步骤及要领
1. 掌握气割设备的安全使用和维护方法。 2. 掌握板料气割的方法。 3. 能正确选择火焰能率。	1. 熟悉图样，按图样尺寸用石笔画出切割线。 2. 将钢板放在气割平台上，调整火焰，按下列顺序进行气割： （1）气割圆及椭圆。 （2）气割 32 mm × 200 mm 的两条扁钢。 （3）气割三条宽度为 20 mm 的弧形扁钢。 3. 清理挂渣，检查气割质量。

二十三、圆弧、直线气割

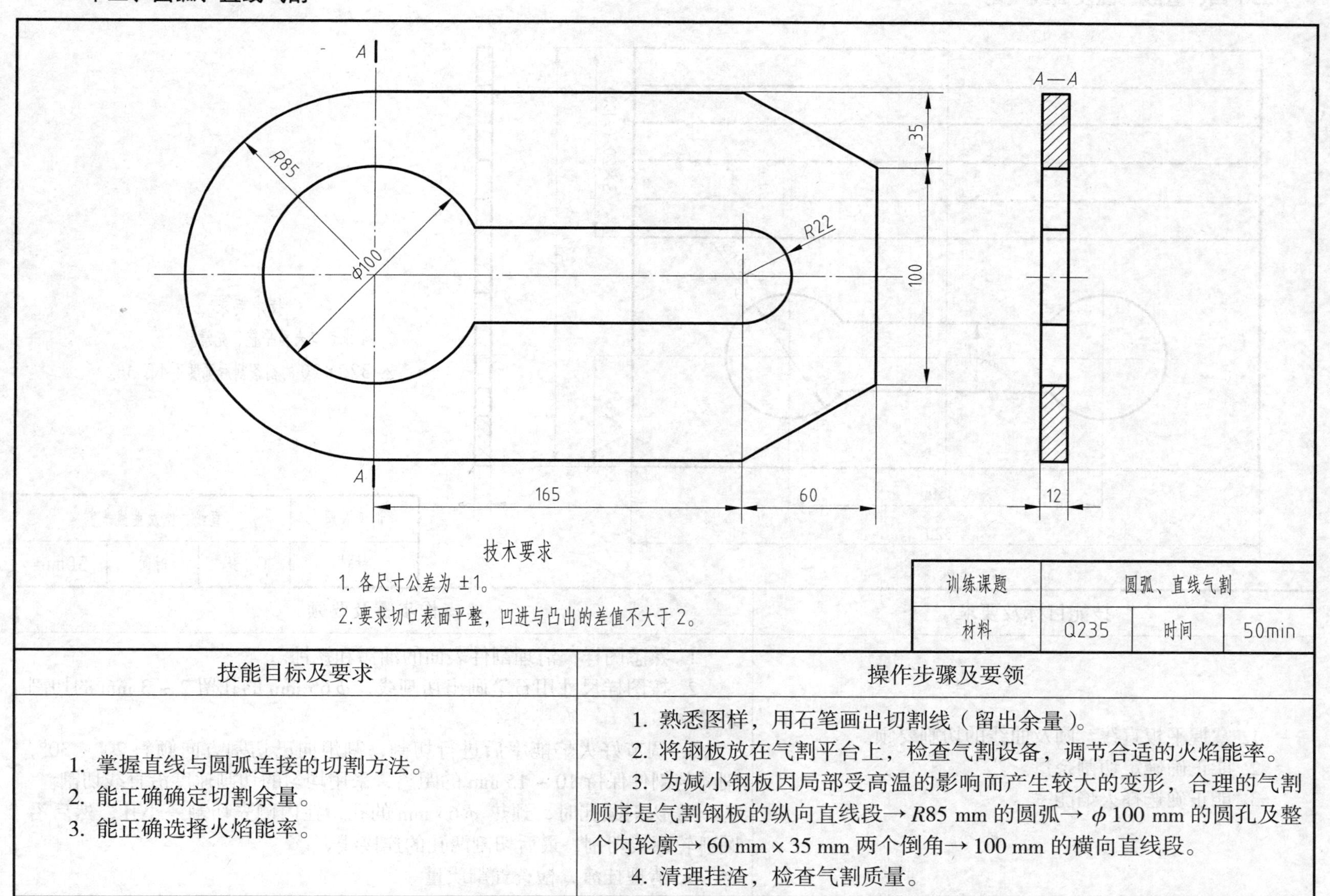

技术要求

1. 各尺寸公差为 ±1。
2. 要求切口表面平整，凹进与凸出的差值不大于 2。

训练课题	圆弧、直线气割		
材料	Q235	时间	50min

技能目标及要求	操作步骤及要领
1. 掌握直线与圆弧连接的切割方法。 2. 能正确确定切割余量。 3. 能正确选择火焰能率。	1. 熟悉图样，用石笔画出切割线（留出余量）。 2. 将钢板放在气割平台上，检查气割设备，调节合适的火焰能率。 3. 为减小钢板因局部受高温的影响而产生较大的变形，合理的气割顺序是气割钢板的纵向直线段→ $R85$ mm 的圆弧→ ϕ 100 mm 的圆孔及整个内轮廓→ 60 mm × 35 mm 两个倒角→ 100 mm 的横向直线段。 4. 清理挂渣，检查气割质量。

二十四、直线、圆及曲线气割

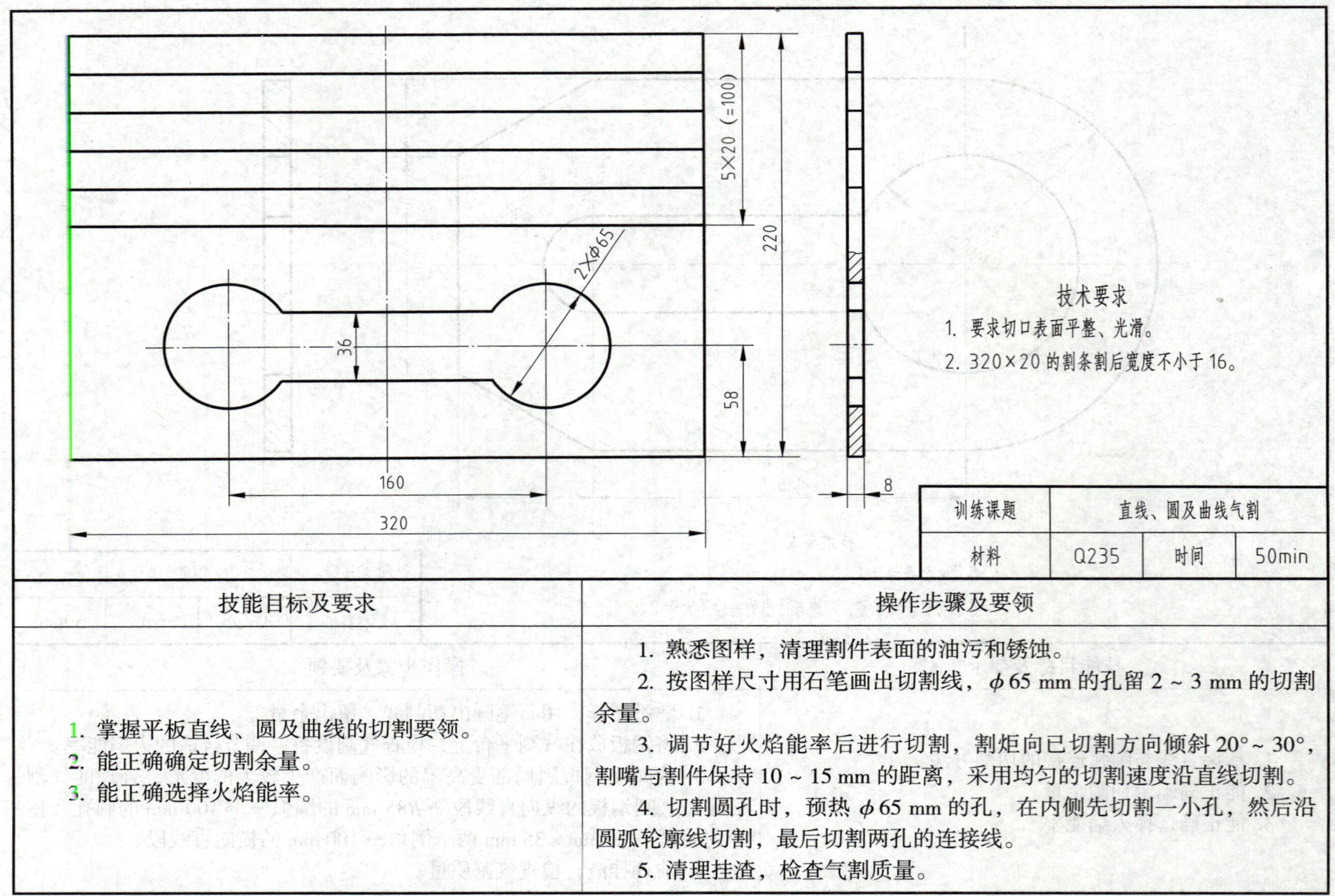

训练课题	直线、圆及曲线气割		
材料	Q235	时间	50min

技能目标及要求	操作步骤及要领
1. 掌握平板直线、圆及曲线的切割要领。 2. 能正确确定切割余量。 3. 能正确选择火焰能率。	1. 熟悉图样，清理割件表面的油污和锈蚀。 2. 按图样尺寸用石笔画出切割线，ϕ65 mm 的孔留 2 ~ 3 mm 的切割余量。 3. 调节好火焰能率后进行切割，割炬向已切割方向倾斜 20° ~ 30°，割嘴与割件保持 10 ~ 15 mm 的距离，采用均匀的切割速度沿直线切割。 4. 切割圆孔时，预热 ϕ65 mm 的孔，在内侧先切割一小孔，然后沿圆弧轮廓线切割，最后切割两孔的连接线。 5. 清理挂渣，检查气割质量。

二十五、坡口气割

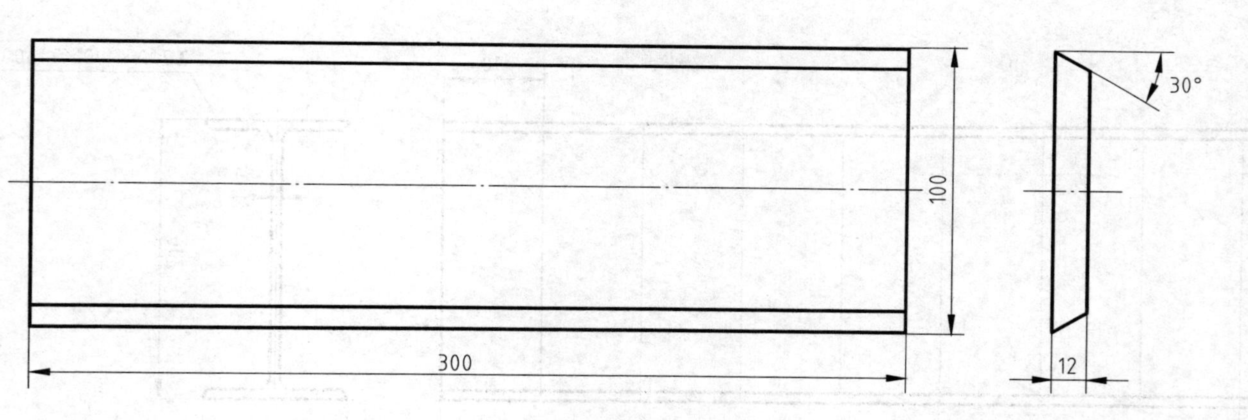

技术要求

1. 要求坡口面平整、光滑。
2. 割后割件要清理干净，无挂渣。

训练课题	坡口气割		
材料	Q235	时间	50min

技能目标及要求	操作步骤及要领
1. 掌握用手工靠模切割斜面的要领。 2. 掌握用半自动切割机切割斜面坡口的技术。 3. 能调节合适的火焰能率。	1. 手工靠模切割：清理割件表面的油污和锈蚀，划出30°的坡口线并打样冲眼；调整好割炬的倾斜角度，对准切割线；调节好火焰能率，预热、加高压氧，割炬沿靠模均匀移动进行切割；清理挂渣，检查气割质量。 2. 半自动切割机切割：安装半自动切割机，调整割炬角度、高度，松开离合器，试车，并对准切割线；调节好火焰能率，启动半自动切割机切割坡口至图样要求的尺寸；清理挂渣，检查气割质量。

二十六、型钢气割

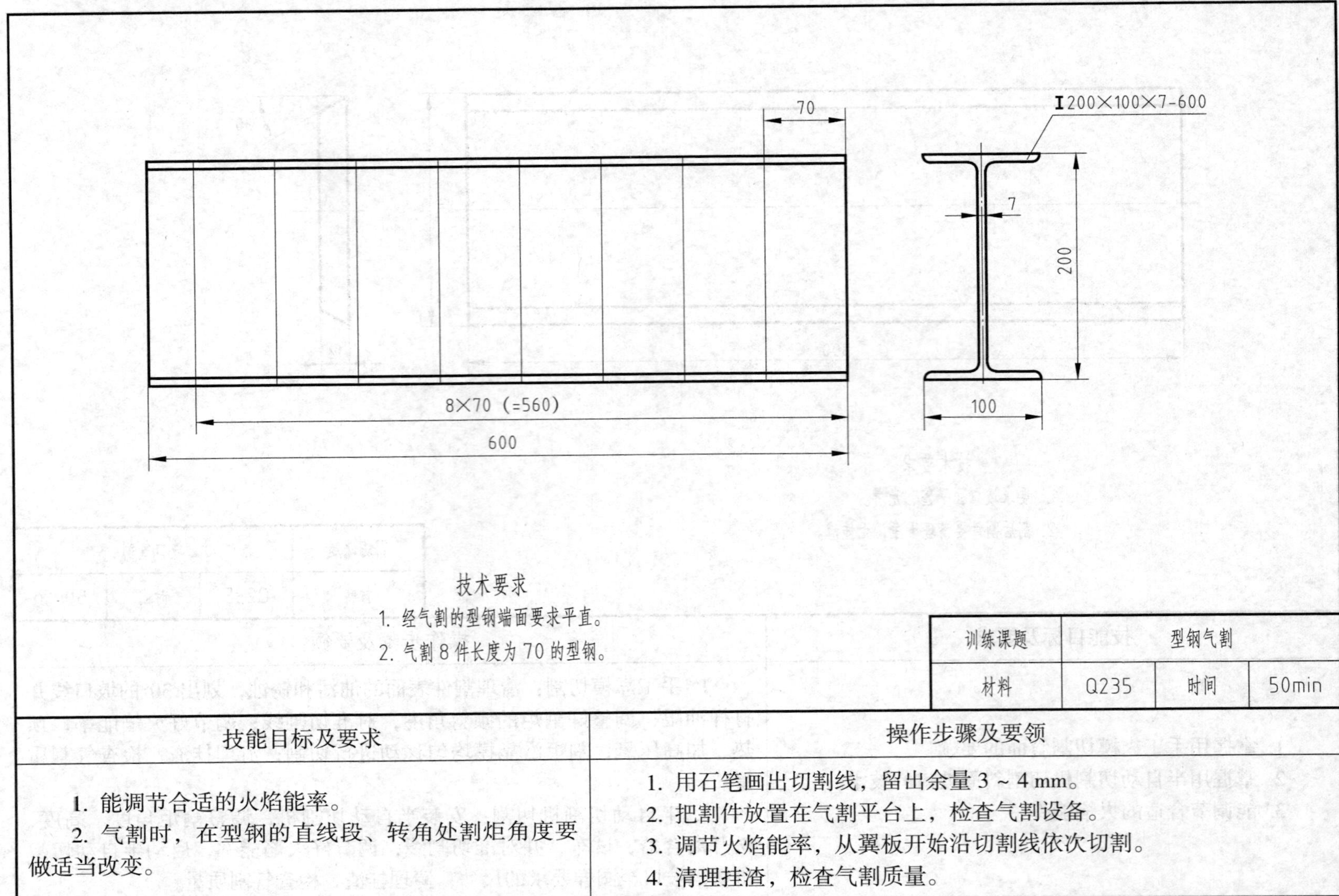

技能目标及要求	操作步骤及要领
1. 能调节合适的火焰能率。 2. 气割时，在型钢的直线段、转角处割炬角度要做适当改变。	1. 用石笔画出切割线，留出余量 3 ~ 4 mm。 2. 把割件放置在气割平台上，检查气割设备。 3. 调节火焰能率，从翼板开始沿切割线依次切割。 4. 清理挂渣，检查气割质量。

二十七、90°弯头气割

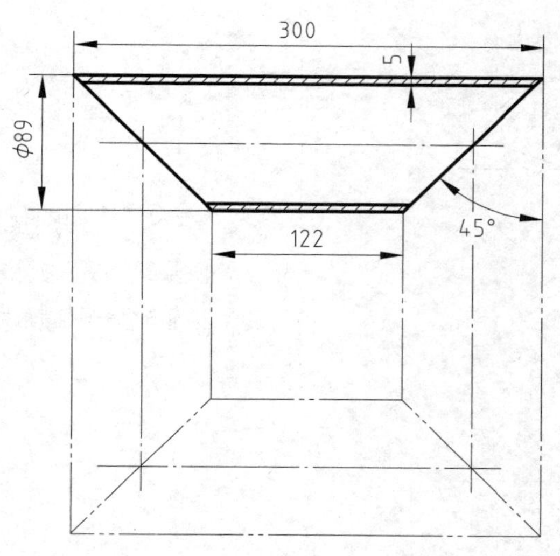

技术要求

1. 气割 ϕ89 的钢管为 90° 切口，要求切口表面平整。
2. 切割 4 件，装配成图样所示的闭合形状。
3. 钢管正交的拼接缝隙为 1 ~ 2。

训练课题	90° 弯头气割		
材料	Q235	时间	40min

技能目标及要求	操作步骤及要领
1. 掌握 90°弯头的下料方法。 2. 掌握圆管切割的气割技术。	1. 按图样尺寸进行 90°弯头的展开下料。 2. 将样板盖在钢管表面，用石笔画出切割线，留出气割余量 3 ~ 4 mm。 3. 检查气割设备，点火后调节火焰能率。 4. 将预热火焰垂直于切割线的中心，待管子红热时，打开高压氧，割透后将割嘴稍前倾，保持与割件的距离为 8 ~ 10 mm，并不断转换气割位置，完成整个弯头的切割工作。 5. 清理挂渣，检查气割质量。

二十八、管子相贯件气割

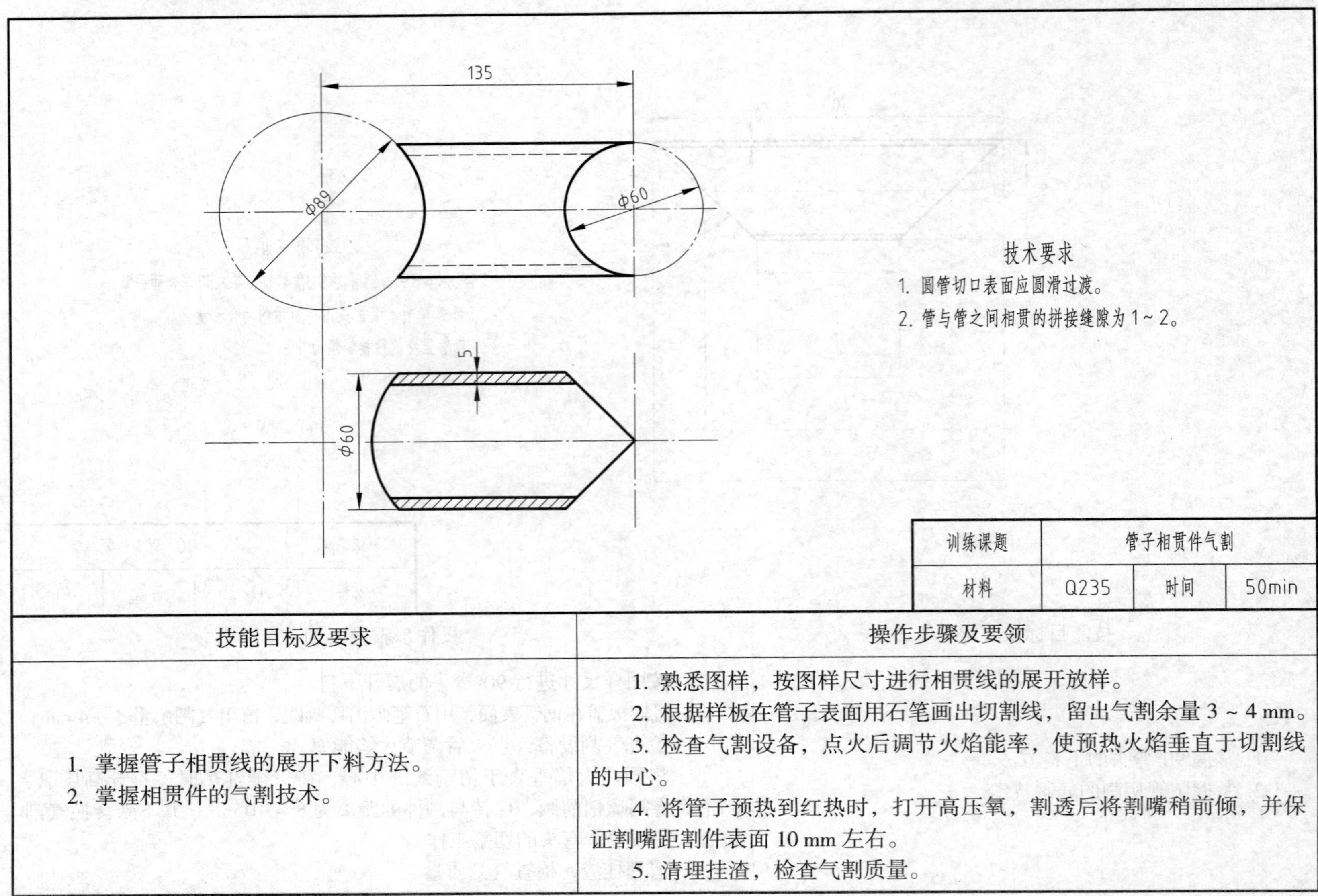

技能目标及要求	操作步骤及要领
1. 掌握管子相贯线的展开下料方法。 2. 掌握相贯件的气割技术。	1. 熟悉图样，按图样尺寸进行相贯线的展开放样。 2. 根据样板在管子表面用石笔画出切割线，留出气割余量 3 ~ 4 mm。 3. 检查气割设备，点火后调节火焰能率，使预热火焰垂直于切割线的中心。 4. 将管子预热到红热时，打开高压氧，割透后将割嘴稍前倾，并保证割嘴距割件表面 10 mm 左右。 5. 清理挂渣，检查气割质量。

二十九、厚板气割

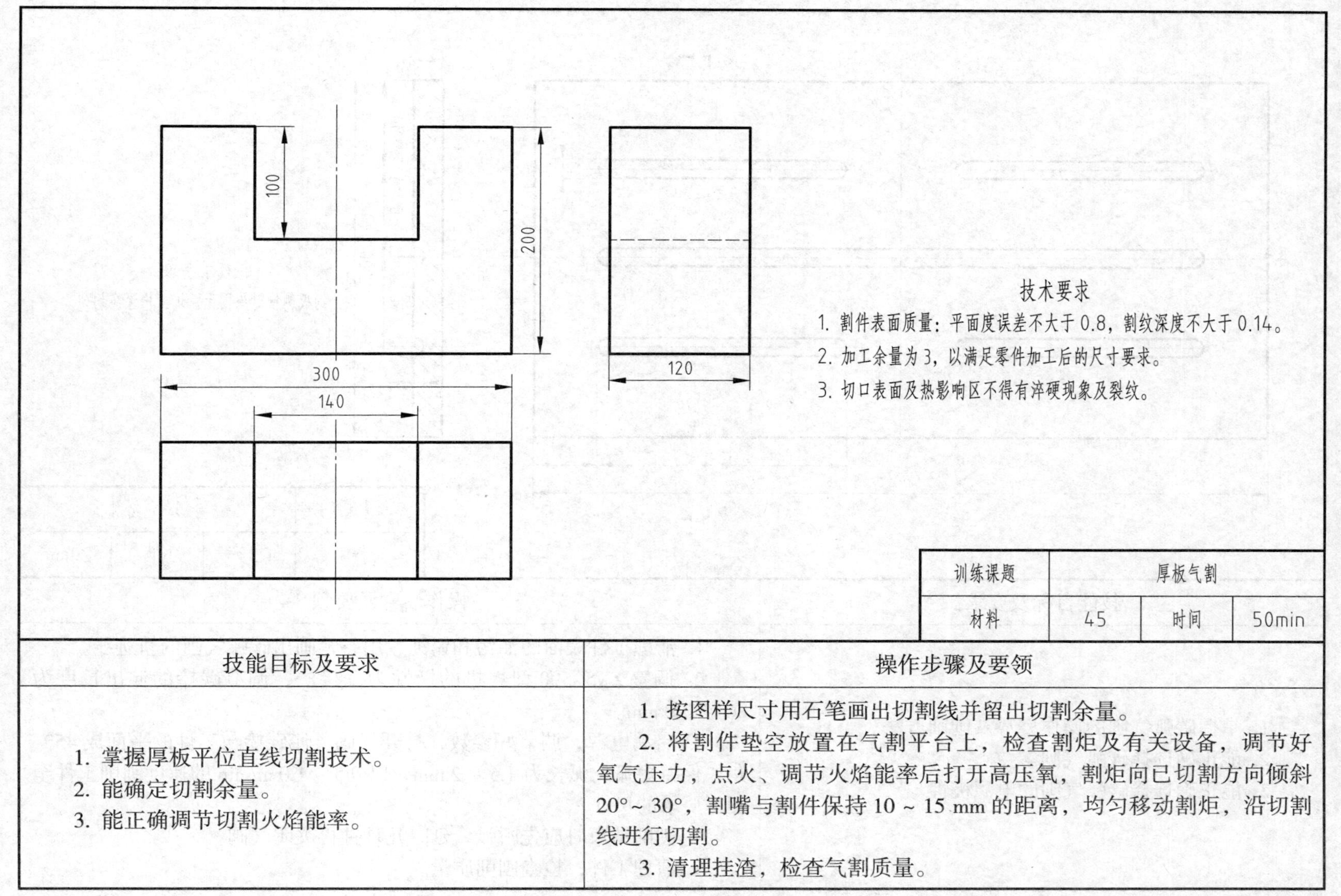

训练课题	厚板气割		
材料	45	时间	50min

技能目标及要求	操作步骤及要领
1. 掌握厚板平位直线切割技术。 2. 能确定切割余量。 3. 能正确调节切割火焰能率。	1. 按图样尺寸用石笔画出切割线并留出切割余量。 2. 将割件垫空放置在气割平台上，检查割炬及有关设备，调节好氧气压力，点火、调节火焰能率后打开高压氧，割炬向已切割方向倾斜20°～30°，割嘴与割件保持10～15 mm的距离，均匀移动割炬，沿切割线进行切割。 3. 清理挂渣，检查气割质量。

三十、碳弧气刨刨削

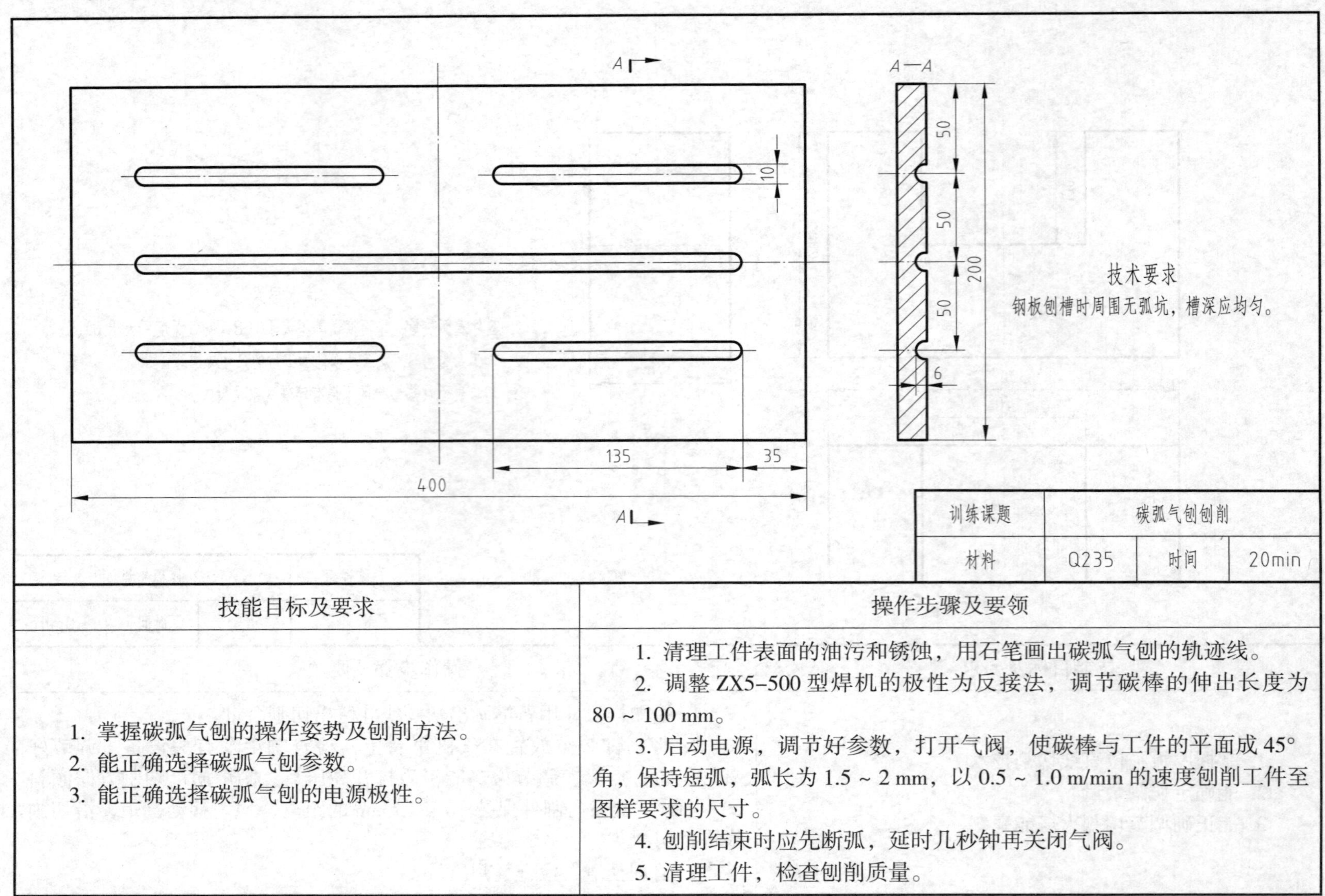

训练课题	碳弧气刨刨削		
材料	Q235	时间	20min

技能目标及要求	操作步骤及要领
1. 掌握碳弧气刨的操作姿势及刨削方法。 2. 能正确选择碳弧气刨参数。 3. 能正确选择碳弧气刨的电源极性。	1. 清理工件表面的油污和锈蚀，用石笔画出碳弧气刨的轨迹线。 2. 调整 ZX5-500 型焊机的极性为反接法，调节碳棒的伸出长度为 80 ~ 100 mm。 3. 启动电源，调节好参数，打开气阀，使碳棒与工件的平面成 45°角，保持短弧，弧长为 1.5 ~ 2 mm，以 0.5 ~ 1.0 m/min 的速度刨削工件至图样要求的尺寸。 4. 刨削结束时应先断弧，延时几秒钟再关闭气阀。 5. 清理工件，检查刨削质量。

三十一、碳弧气刨直线刨槽

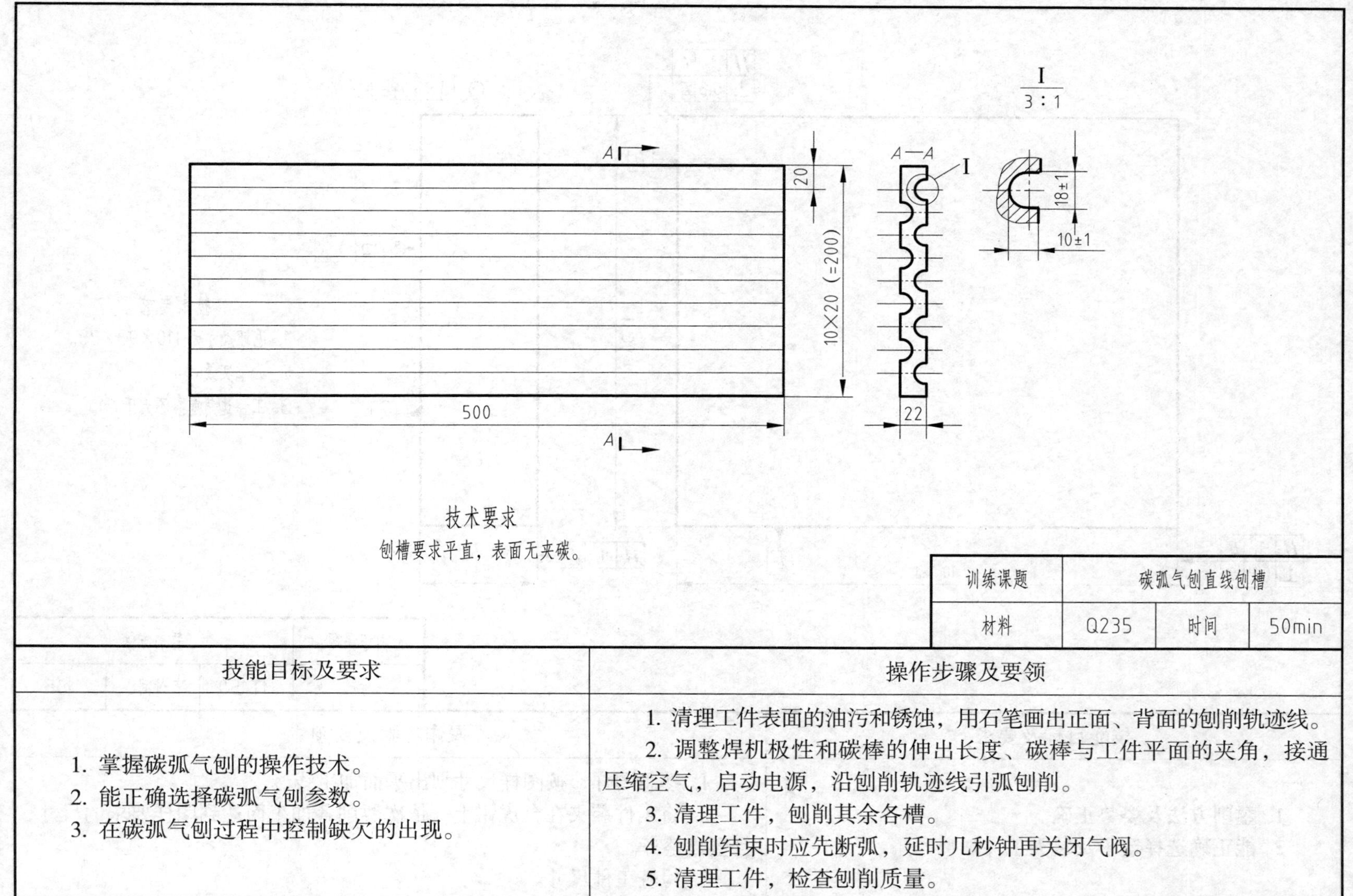

技术要求

刨槽要求平直，表面无夹碳。

训练课题	碳弧气刨直线刨槽		
材料	Q235	时间	50min

技能目标及要求	操作步骤及要领
1. 掌握碳弧气刨的操作技术。 2. 能正确选择碳弧气刨参数。 3. 在碳弧气刨过程中控制缺欠的出现。	1. 清理工件表面的油污和锈蚀，用石笔画出正面、背面的刨削轨迹线。 2. 调整焊机极性和碳棒的伸出长度、碳棒与工件平面的夹角，接通压缩空气，启动电源，沿刨削轨迹线引弧刨削。 3. 清理工件，刨削其余各槽。 4. 刨削结束时应先断弧，延时几秒钟再关闭气阀。 5. 清理工件，检查刨削质量。

三十二、錾削方铁

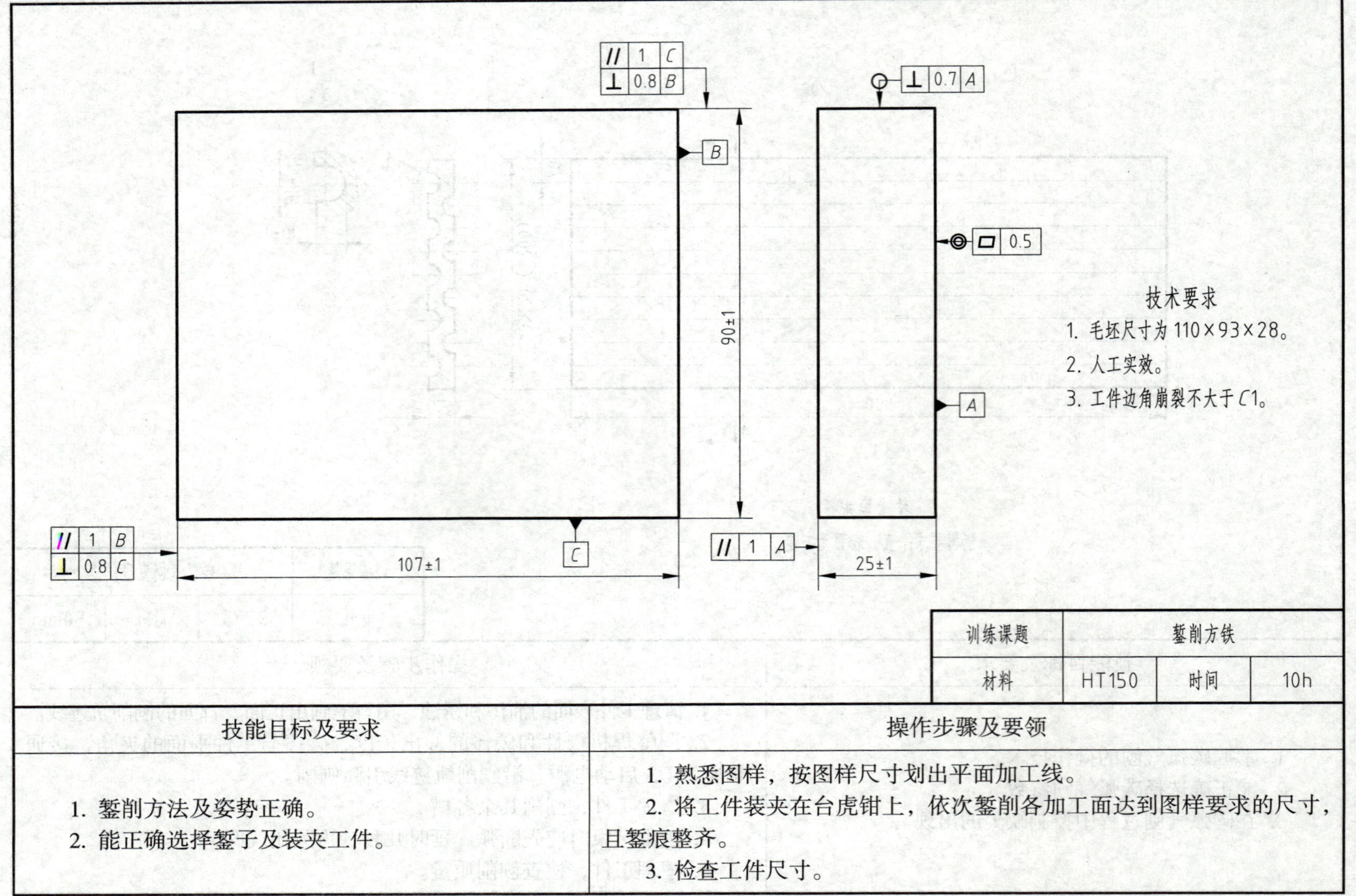

技术要求

1. 毛坯尺寸为 110×93×28。
2. 人工实效。
3. 工件边角崩裂不大于 C1。

训练课题	錾削方铁		
材料	HT150	时间	10h

技能目标及要求	操作步骤及要领
1. 錾削方法及姿势正确。 2. 能正确选择錾子及装夹工件。	1. 熟悉图样，按图样尺寸划出平面加工线。 2. 将工件装夹在台虎钳上，依次錾削各加工面达到图样要求的尺寸，且錾痕整齐。 3. 检查工件尺寸。

三十三、锯削型材

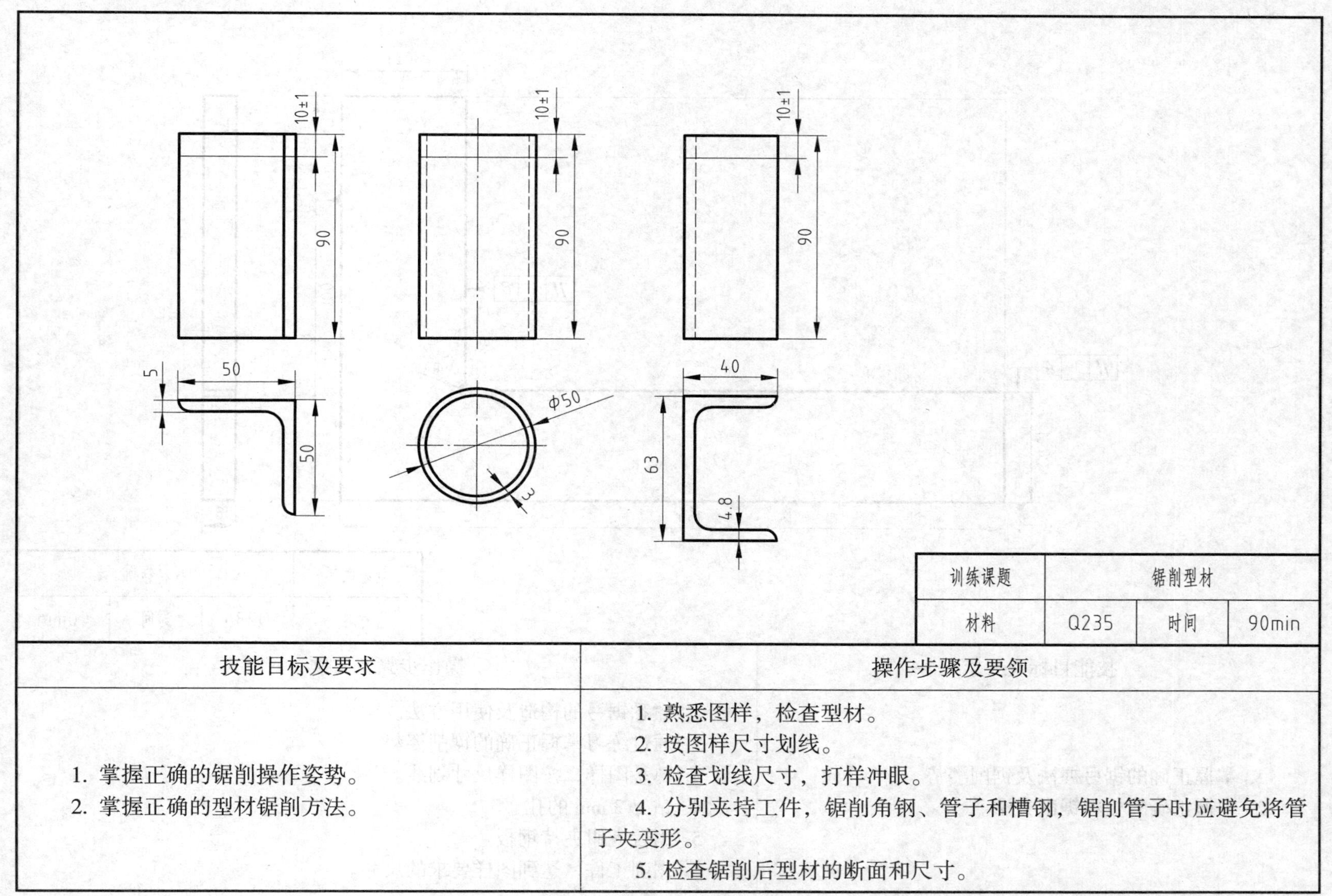

训练课题	锯削型材		
材料	Q235	时间	90min

技能目标及要求	操作步骤及要领
1. 掌握正确的锯削操作姿势。 2. 掌握正确的型材锯削方法。	1. 熟悉图样，检查型材。 2. 按图样尺寸划线。 3. 检查划线尺寸，打样冲眼。 4. 分别夹持工件，锯削角钢、管子和槽钢，锯削管子时应避免将管子夹变形。 5. 检查锯削后型材的断面和尺寸。

三十四、板料锯削

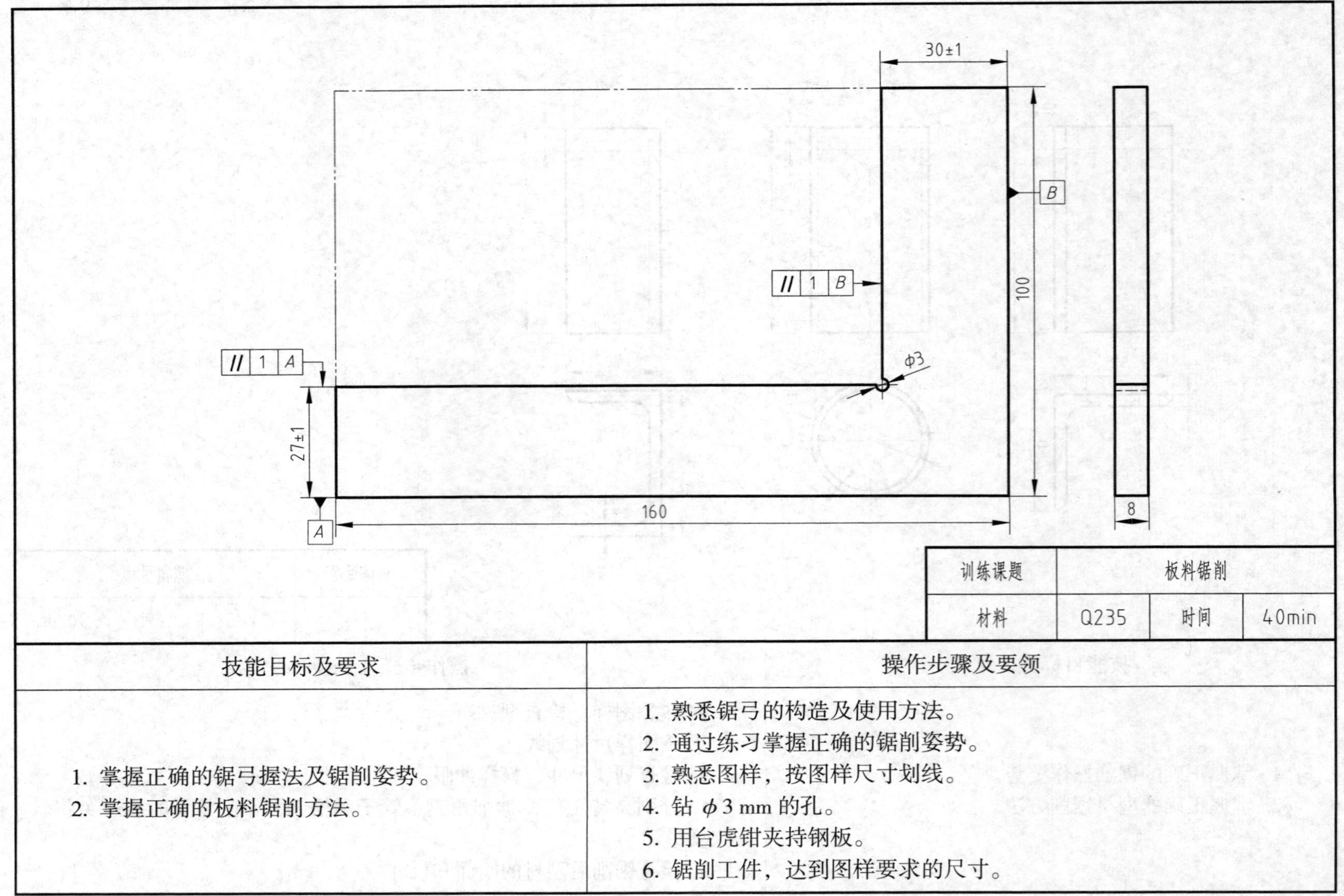

训练课题	板料锯削		
材料	Q235	时间	40min

技能目标及要求	操作步骤及要领
1. 掌握正确的锯弓握法及锯削姿势。 2. 掌握正确的板料锯削方法。	1. 熟悉锯弓的构造及使用方法。 2. 通过练习掌握正确的锯削姿势。 3. 熟悉图样，按图样尺寸划线。 4. 钻 ϕ3 mm 的孔。 5. 用台虎钳夹持钢板。 6. 锯削工件，达到图样要求的尺寸。

三十五、锉削长方体

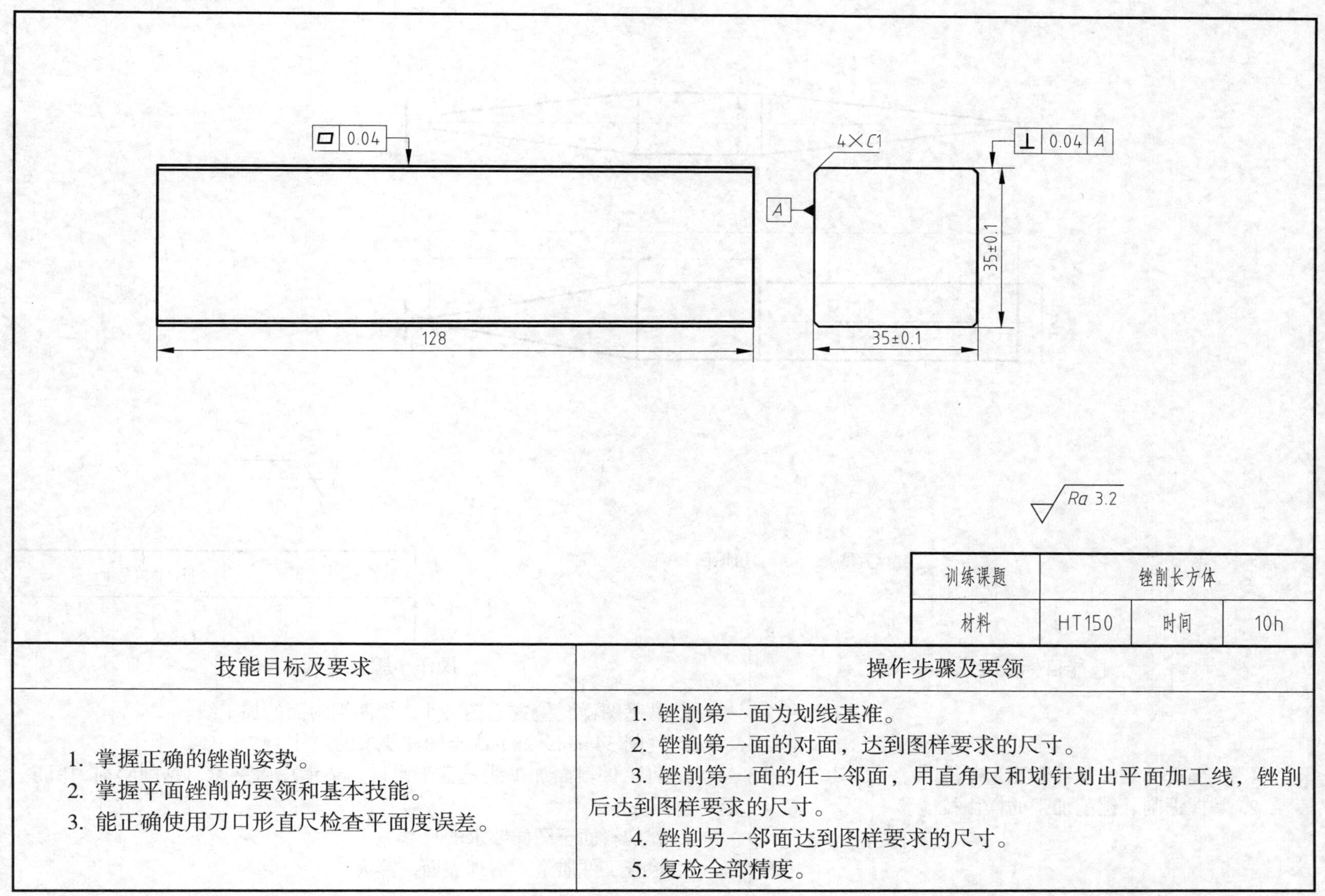

训练课题	锉削长方体		
材料	HT150	时间	10h

技能目标及要求	操作步骤及要领
1. 掌握正确的锉削姿势。 2. 掌握平面锉削的要领和基本技能。 3. 能正确使用刀口形直尺检查平面度误差。	1. 锉削第一面为划线基准。 2. 锉削第一面的对面，达到图样要求的尺寸。 3. 锉削第一面的任一邻面，用直角尺和划针划出平面加工线，锉削后达到图样要求的尺寸。 4. 锉削另一邻面达到图样要求的尺寸。 5. 复检全部精度。

三十六、敲渣锤的制作

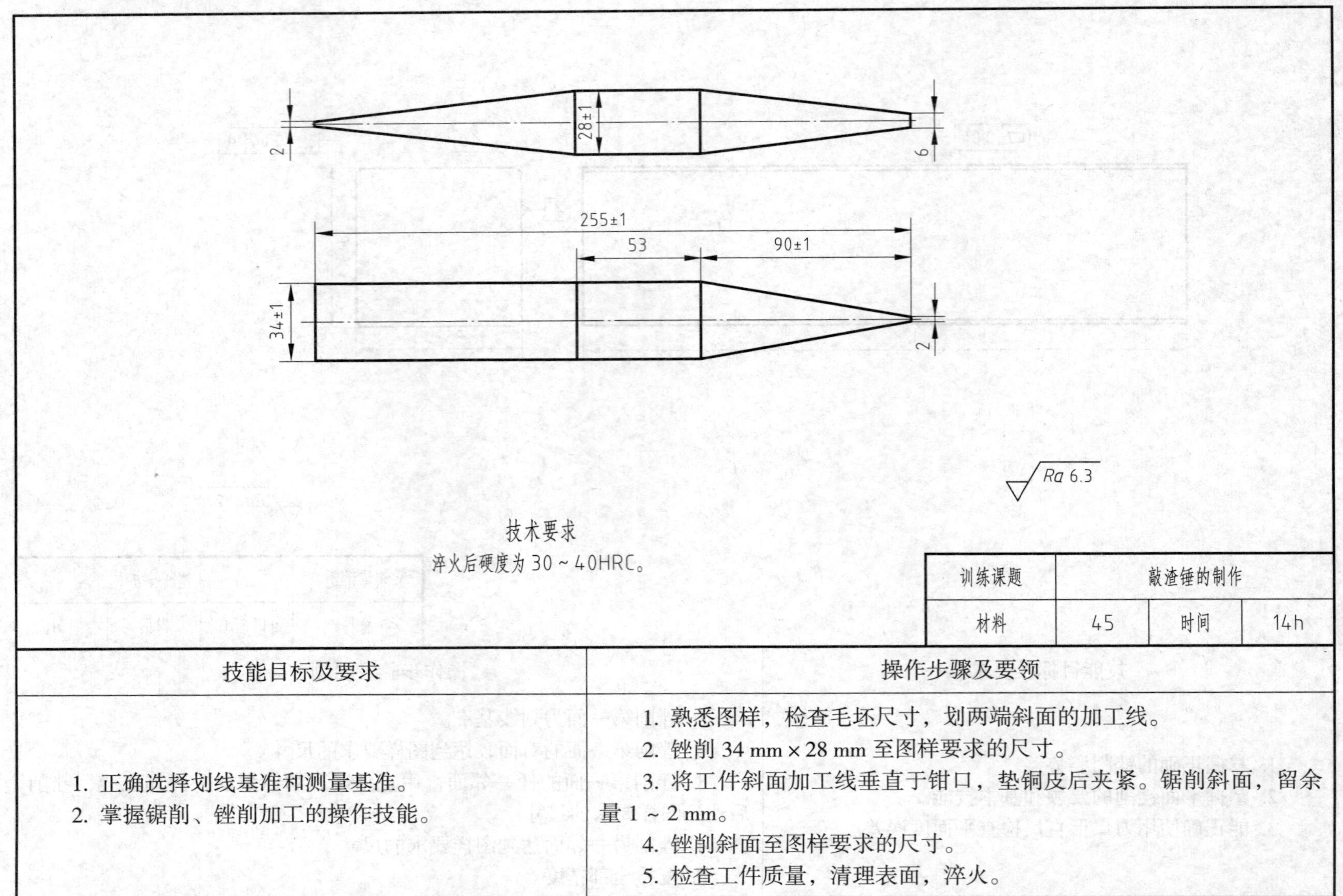

训练课题	敲渣锤的制作		
材料	45	时间	14h

技能目标及要求	操作步骤及要领
1. 正确选择划线基准和测量基准。 2. 掌握锯削、锉削加工的操作技能。	1. 熟悉图样，检查毛坯尺寸，划两端斜面的加工线。 2. 锉削 34 mm × 28 mm 至图样要求的尺寸。 3. 将工件斜面加工线垂直于钳口，垫铜皮后夹紧。锯削斜面，留余量 1 ~ 2 mm。 4. 锉削斜面至图样要求的尺寸。 5. 检查工件质量，清理表面，淬火。

三十七、手工矫正薄板与型钢

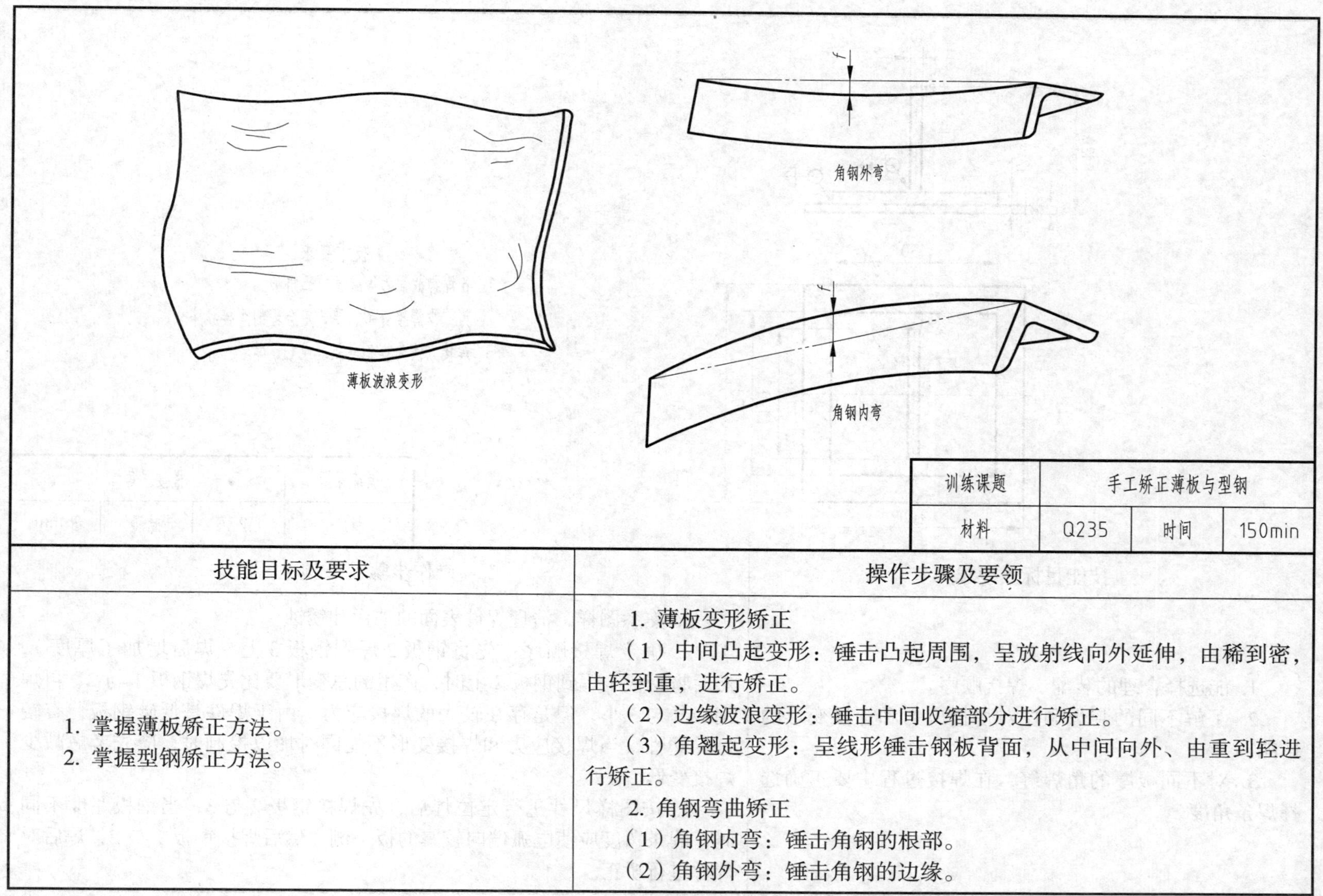

训练课题	手工矫正薄板与型钢		
材料	Q235	时间	150min

技能目标及要求	操作步骤及要领
1. 掌握薄板矫正方法。 2. 掌握型钢矫正方法。	1. 薄板变形矫正 （1）中间凸起变形：锤击凸起周围，呈放射线向外延伸，由稀到密，由轻到重，进行矫正。 （2）边缘波浪变形：锤击中间收缩部分进行矫正。 （3）角翘起变形：呈线形锤击钢板背面，从中间向外、由重到轻进行矫正。 2. 角钢弯曲矫正 （1）角钢内弯：锤击角钢的根部。 （2）角钢外弯：锤击角钢的边缘。

三十八、搭接平角焊

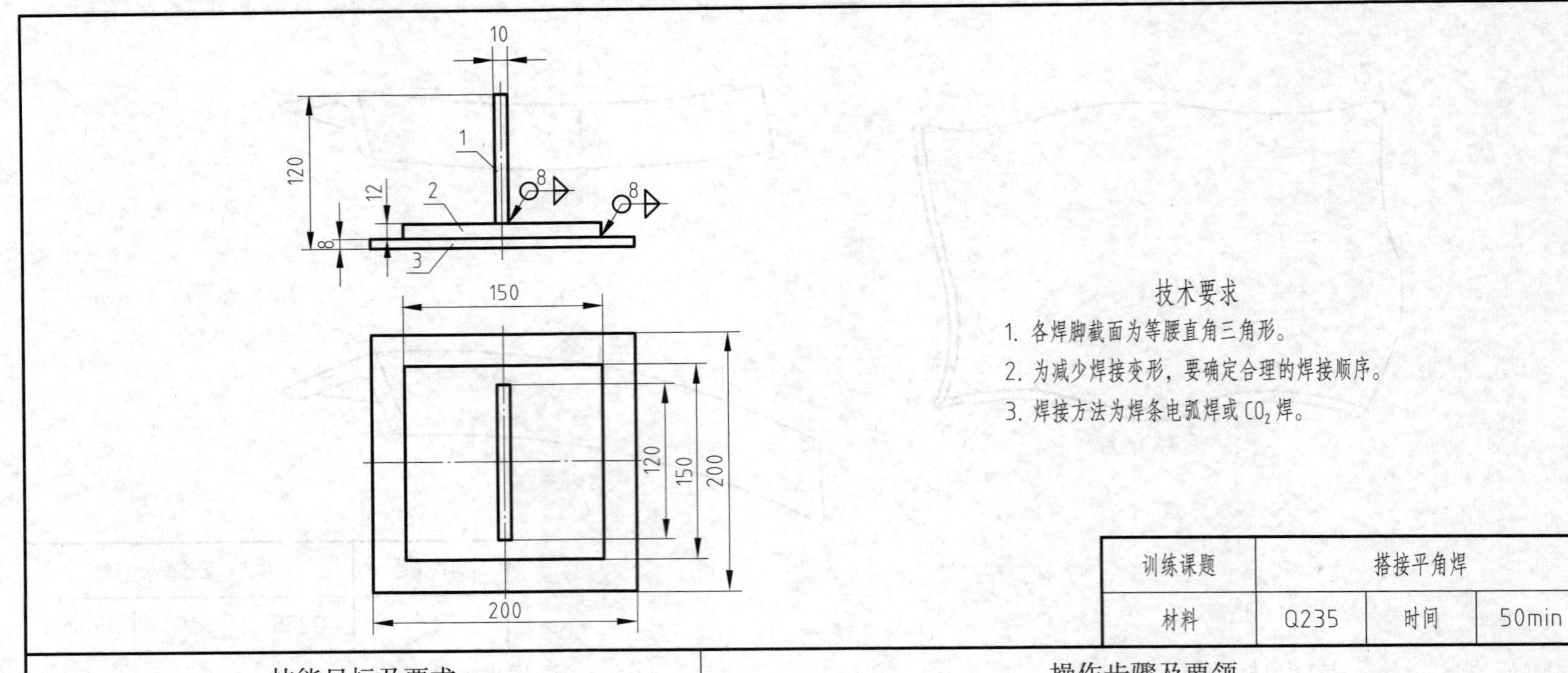

技能目标及要求	操作步骤及要领
1. 能选择合理的装配、焊接顺序。 2. 了解不同的装焊顺序对焊接应力和焊接变形的影响。 3. 对不同板厚的角焊缝，在焊接过程中要正确选择焊条角度。	1. 熟悉图样，清理焊件表面的油污和锈蚀。 2. 确定焊接顺序：先将钢板 2 焊到钢板 3 上（焊后增加了厚度），然后将钢板 1 焊到钢板 2 上时，产生的总变形要比先焊钢板 1 与 2、再焊钢板 2 与 3 小，但是存在较大的焊接应力。由于焊件是低碳钢板，有较好的塑性，当焊接应力和焊接变形不能同时加以控制时，应先考虑减少焊接变形。 3. 按图样尺寸进行定位焊后，先焊接钢板 2 与 3，当钢板厚度不同时，焊条角度应使电弧偏向较厚的板一侧；然后焊接钢板 1 与 2，焊后对焊件进行矫正。

初级工技能考核

一、搭接焊缝角接

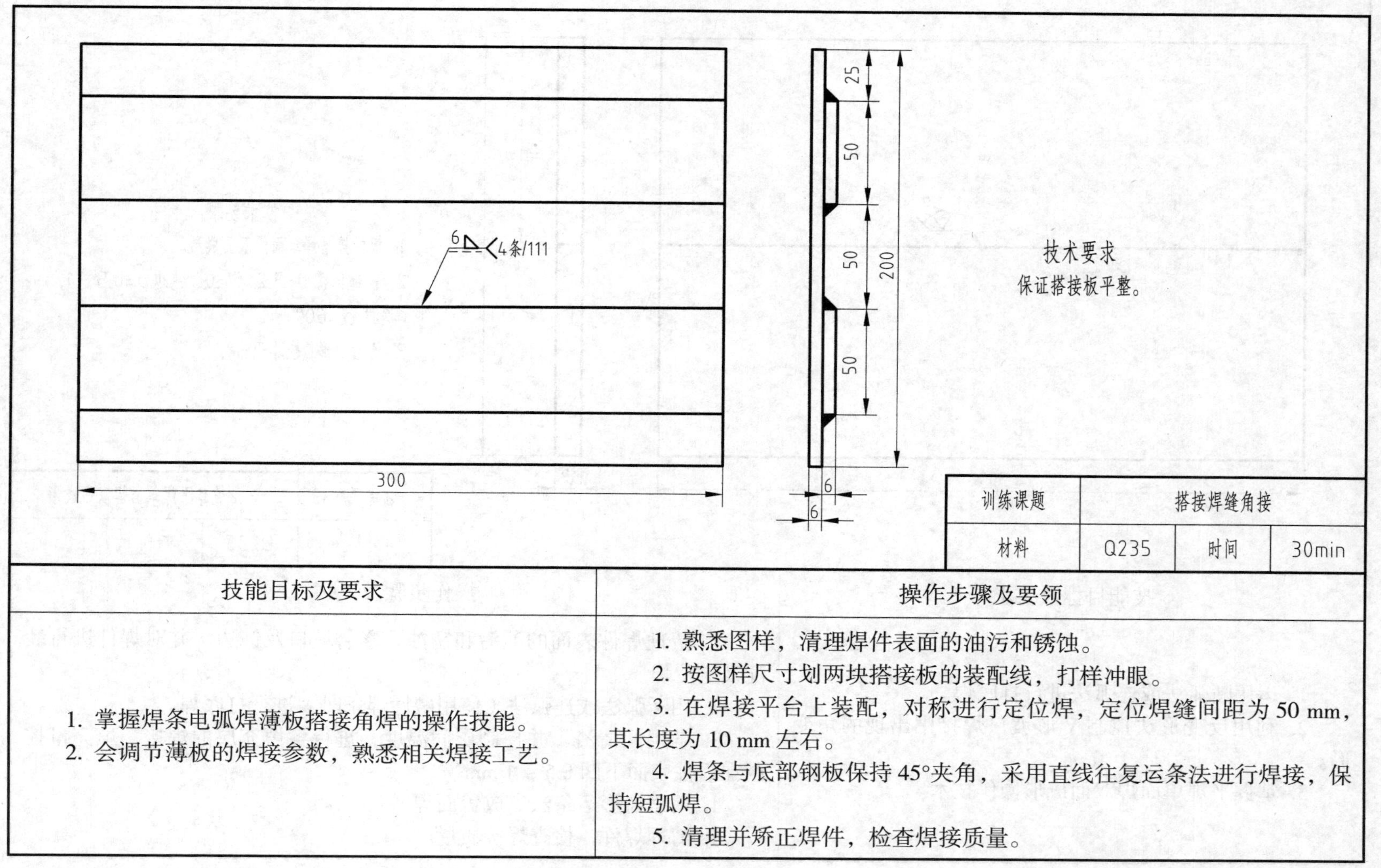

训练课题	搭接焊缝角接		
材料	Q235	时间	30min

技能目标及要求	操作步骤及要领
1. 掌握焊条电弧焊薄板搭接角焊的操作技能。 2. 会调节薄板的焊接参数，熟悉相关焊接工艺。	1. 熟悉图样，清理焊件表面的油污和锈蚀。 2. 按图样尺寸划两块搭接板的装配线，打样冲眼。 3. 在焊接平台上装配，对称进行定位焊，定位焊缝间距为 50 mm，其长度为 10 mm 左右。 4. 焊条与底部钢板保持 45°夹角，采用直线往复运条法进行焊接，保持短弧焊。 5. 清理并矫正焊件，检查焊接质量。

二、V 形坡口平焊单面焊双面成形

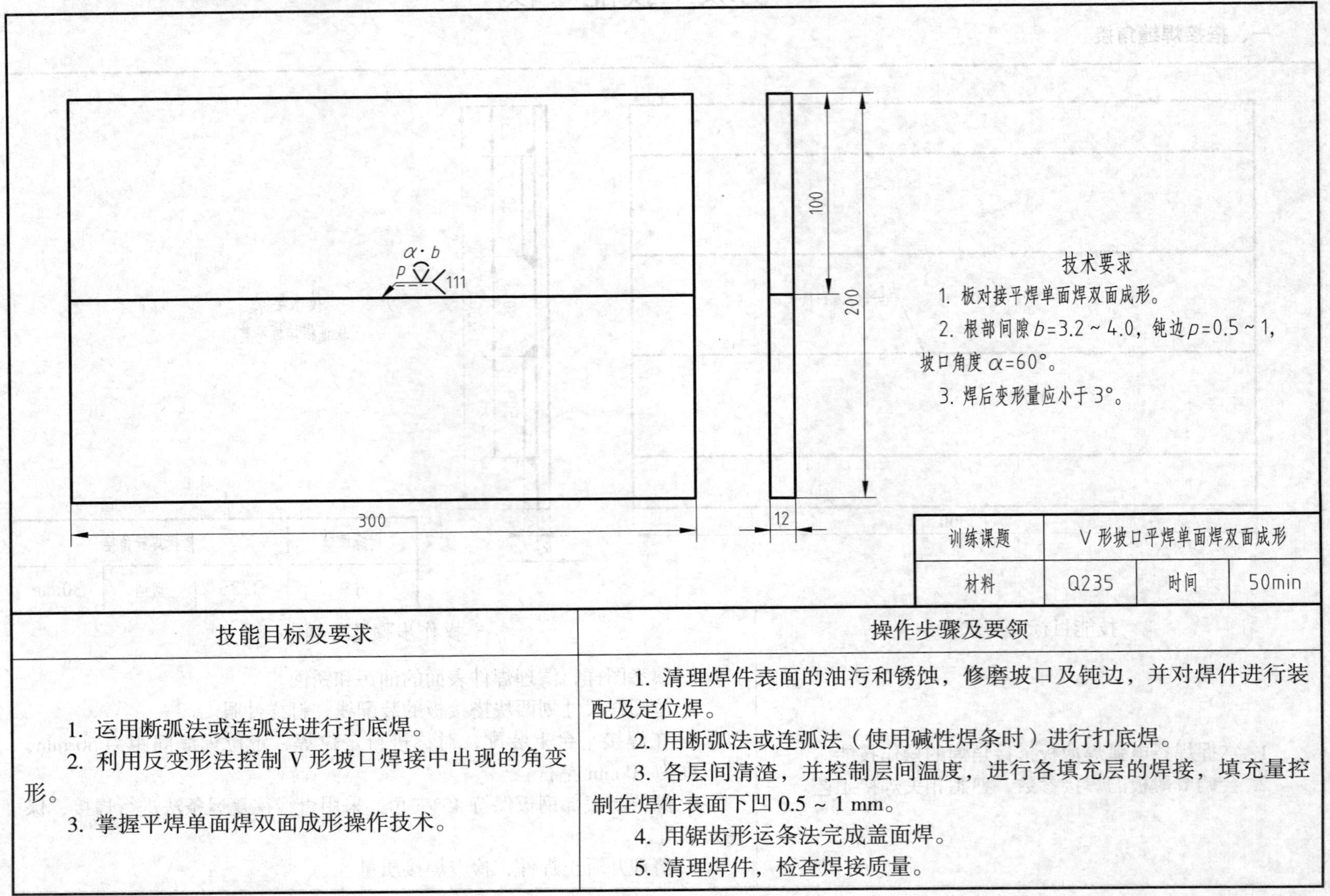

训练课题	V 形坡口平焊单面焊双面成形		
材料	Q235	时间	50min

技能目标及要求	操作步骤及要领
1. 运用断弧法或连弧法进行打底焊。 2. 利用反变形法控制 V 形坡口焊接中出现的角变形。 3. 掌握平焊单面焊双面成形操作技术。	1. 清理焊件表面的油污和锈蚀，修磨坡口及钝边，并对焊件进行装配及定位焊。 2. 用断弧法或连弧法（使用碱性焊条时）进行打底焊。 3. 各层间清渣，并控制层间温度，进行各填充层的焊接，填充量控制在焊件表面下凹 0.5 ~ 1 mm。 4. 用锯齿形运条法完成盖面焊。 5. 清理焊件，检查焊接质量。

三、管对接水平转动焊

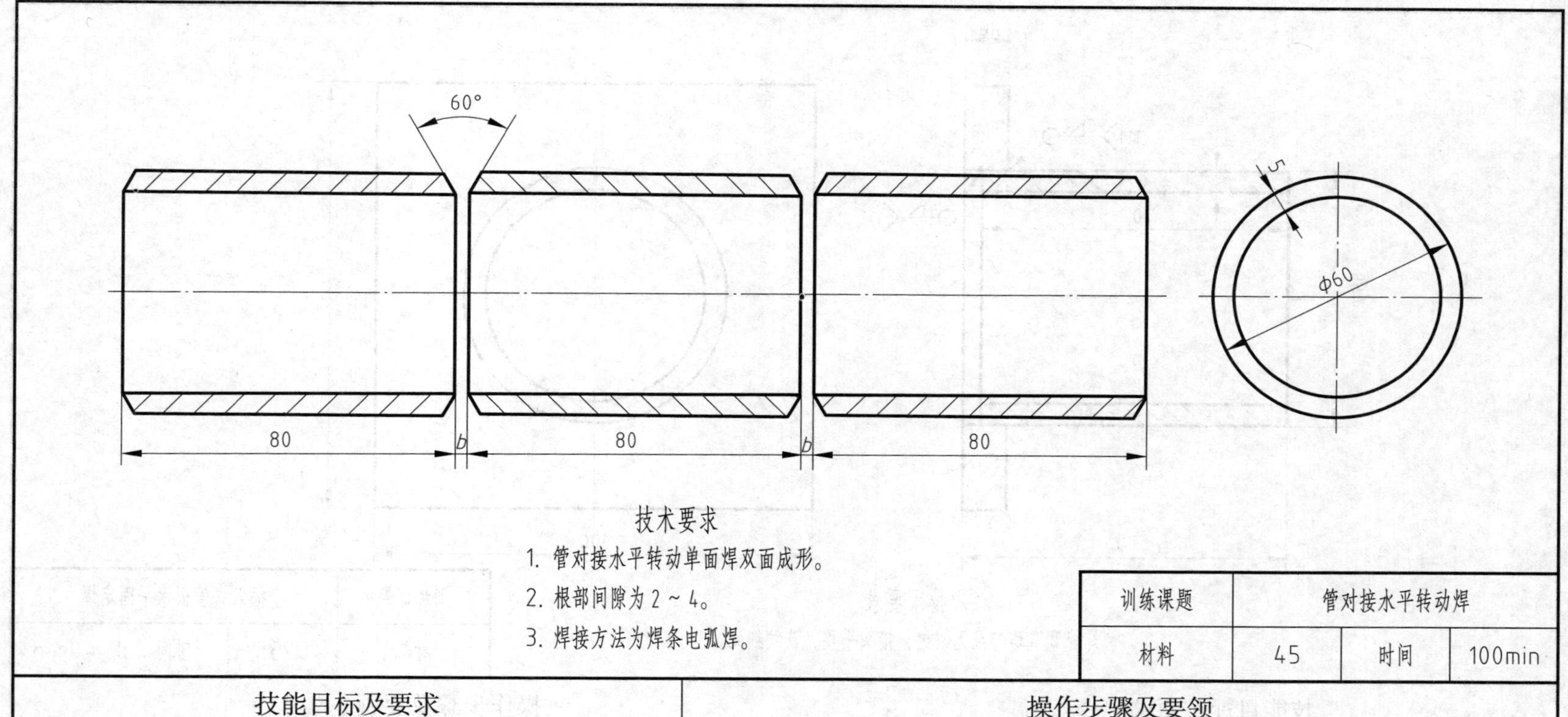

技术要求

1. 管对接水平转动单面焊双面成形。
2. 根部间隙为 2 ~ 4。
3. 焊接方法为焊条电弧焊。

训练课题	管对接水平转动焊		
材料	45	时间	100min

技能目标及要求	操作步骤及要领
1. 能正确选择管对接水平转动焊的焊接参数。 2. 掌握管对接水平转动单面焊双面成形的操作技术。 3. 加强焊条移动与管子转动的协调性训练。	1. 熟悉图样，清理焊件表面的油污和锈蚀，修磨坡口，留钝边 0.5 ~ 1 mm，根部间隙为 2 ~ 4 mm，定位焊缝长度为 5 ~ 10 mm。 2. 将装配好的焊件水平放置在转动夹具上。 3. 焊接时，焊条始终位于管子焊接时钟 1 点—2 点处，用挑弧法边转动管子边焊接，完成打底焊。 4. 进行盖面焊时，错开第一层接头 10 ~ 20 mm 起焊，延长焊缝 10 ~ 15 mm 收弧。 5. 清理焊件，检查焊接质量。

四、插入式管板水平固定焊

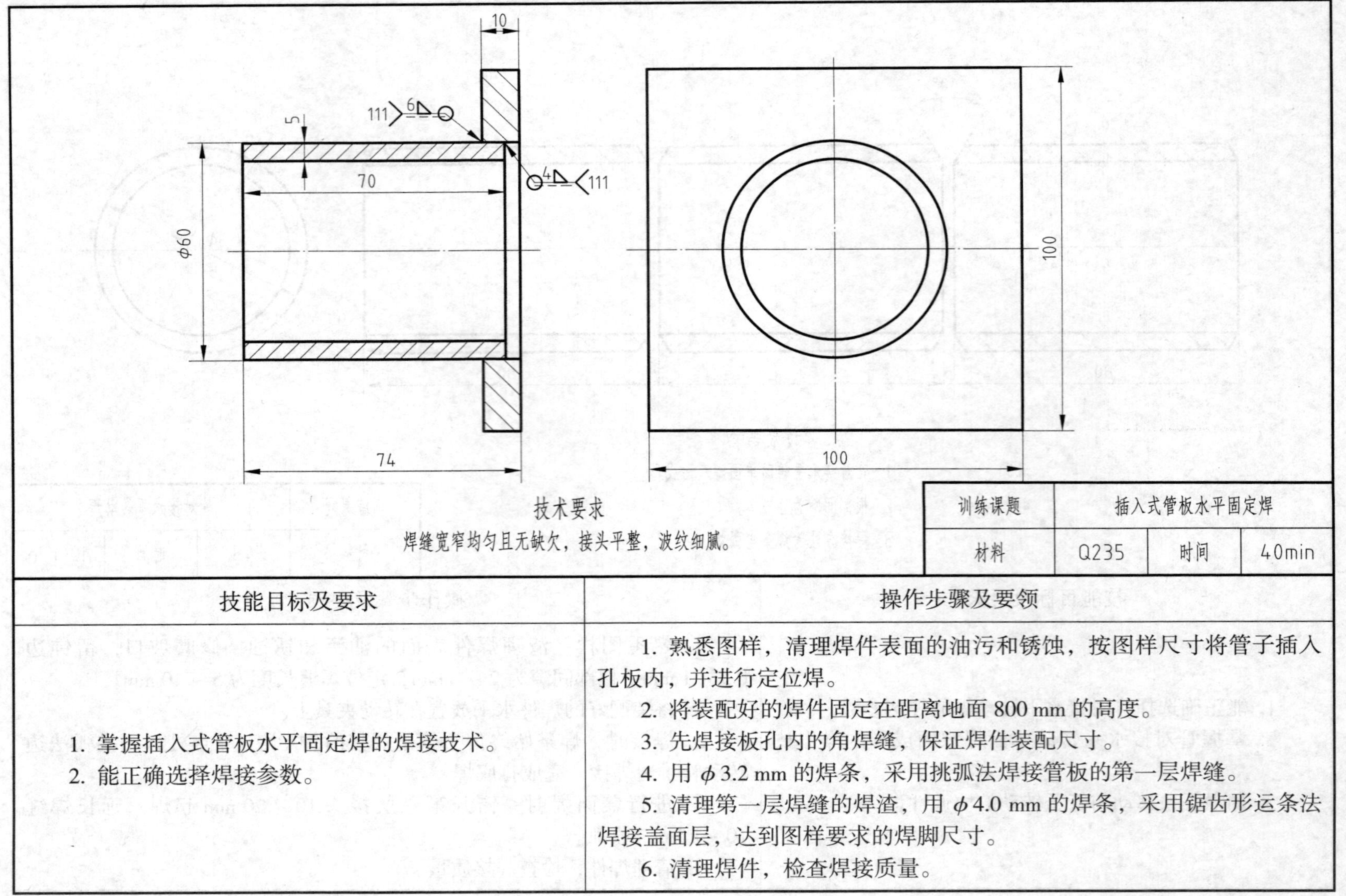

技能目标及要求	操作步骤及要领
1. 掌握插入式管板水平固定焊的焊接技术。 2. 能正确选择焊接参数。	1. 熟悉图样，清理焊件表面的油污和锈蚀，按图样尺寸将管子插入孔板内，并进行定位焊。 2. 将装配好的焊件固定在距离地面 800 mm 的高度。 3. 先焊接板孔内的角焊缝，保证焊件装配尺寸。 4. 用 ϕ 3.2 mm 的焊条，采用挑弧法焊接管板的第一层焊缝。 5. 清理第一层焊缝的焊渣，用 ϕ 4.0 mm 的焊条，采用锯齿形运条法焊接盖面层，达到图样要求的焊脚尺寸。 6. 清理焊件，检查焊接质量。

五、插入式管板垂直固定焊

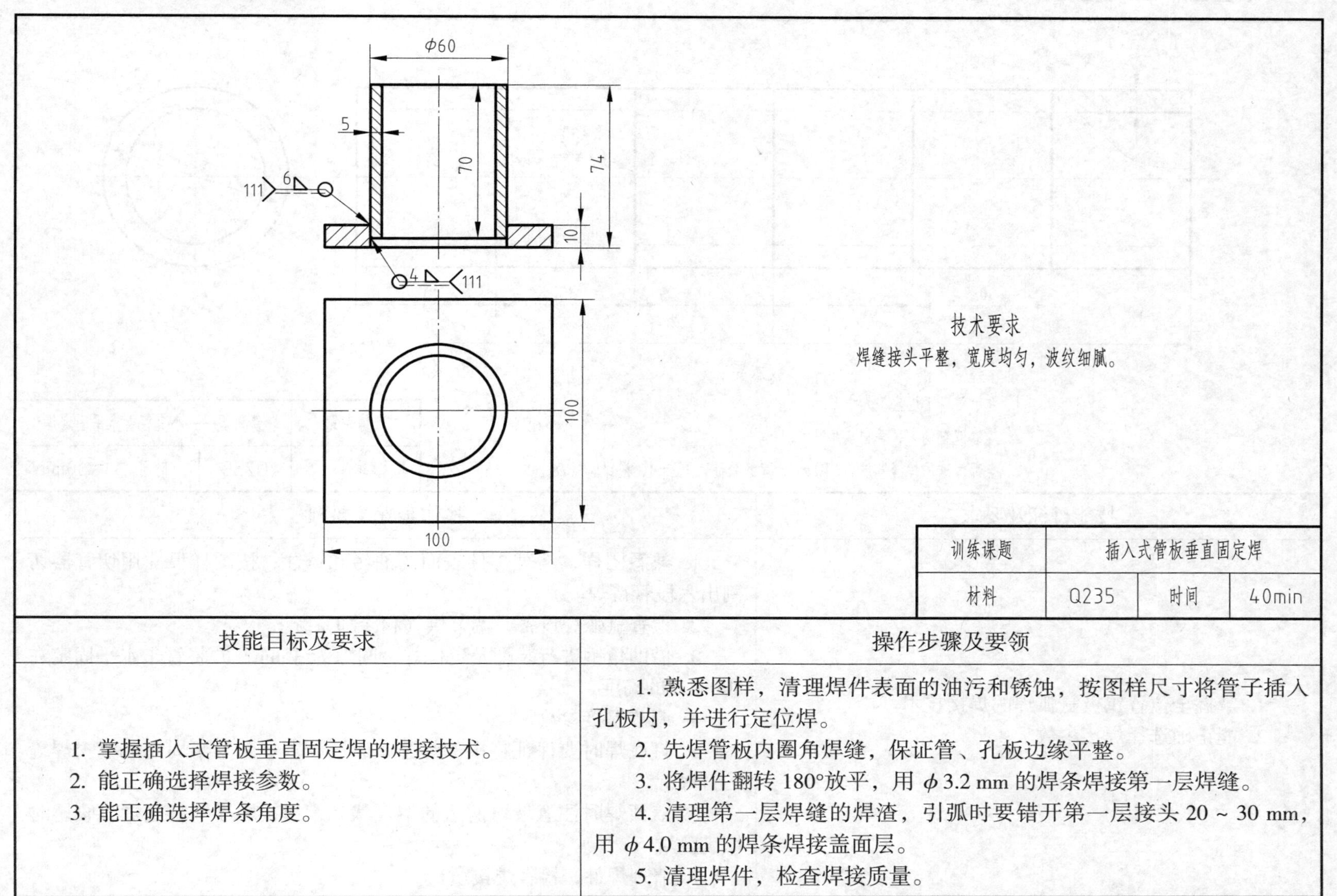

训练课题	插入式管板垂直固定焊		
材料	Q235	时间	40min

技能目标及要求	操作步骤及要领
1. 掌握插入式管板垂直固定焊的焊接技术。 2. 能正确选择焊接参数。 3. 能正确选择焊条角度。	1. 熟悉图样，清理焊件表面的油污和锈蚀，按图样尺寸将管子插入孔板内，并进行定位焊。 2. 先焊管板内圈角焊缝，保证管、孔板边缘平整。 3. 将焊件翻转 180°放平，用 ϕ3.2 mm 的焊条焊接第一层焊缝。 4. 清理第一层焊缝的焊渣，引弧时要错开第一层接头 20 ~ 30 mm，用 ϕ4.0 mm 的焊条焊接盖面层。 5. 清理焊件，检查焊接质量。

六、氩弧焊——小直径管水平固定焊

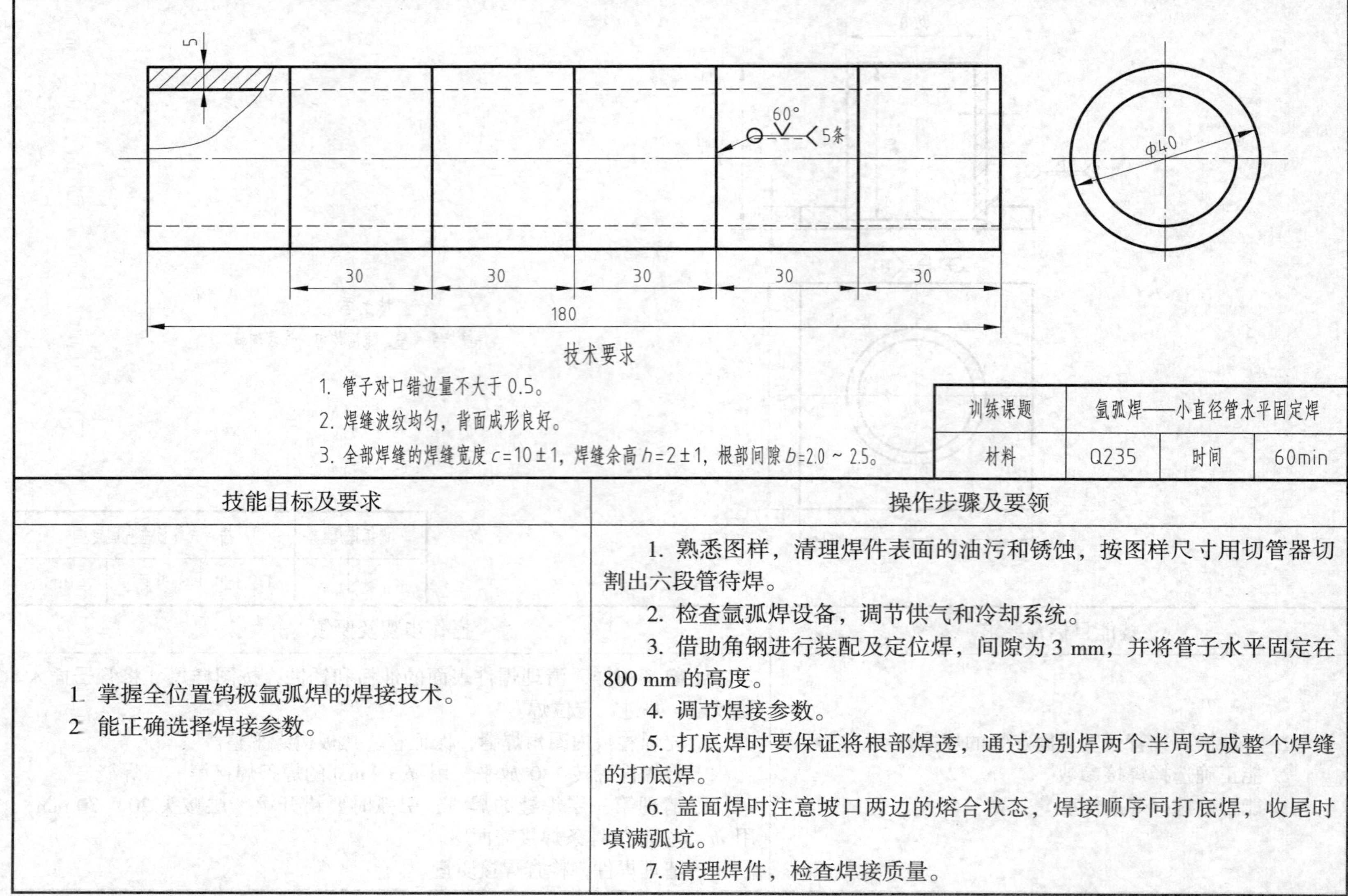

技术要求

1. 管子对口错边量不大于 0.5。
2. 焊缝波纹均匀，背面成形良好。
3. 全部焊缝的焊缝宽度 $c=10\pm1$，焊缝余高 $h=2\pm1$，根部间隙 $b=2.0\sim2.5$。

训练课题	氩弧焊——小直径管水平固定焊		
材料	Q235	时间	60min

技能目标及要求	操作步骤及要领
1. 掌握全位置钨极氩弧焊的焊接技术。 2. 能正确选择焊接参数。	1. 熟悉图样，清理焊件表面的油污和锈蚀，按图样尺寸用切管器切割出六段管待焊。 2. 检查氩弧焊设备，调节供气和冷却系统。 3. 借助角钢进行装配及定位焊，间隙为 3 mm，并将管子水平固定在 800 mm 的高度。 4. 调节焊接参数。 5. 打底焊时要保证将根部焊透，通过分别焊两个半周完成整个焊缝的打底焊。 6. 盖面焊时注意坡口两边的熔合状态，焊接顺序同打底焊，收尾时填满弧坑。 7. 清理焊件，检查焊接质量。

七、氩弧焊——插入式管板垂直固定焊

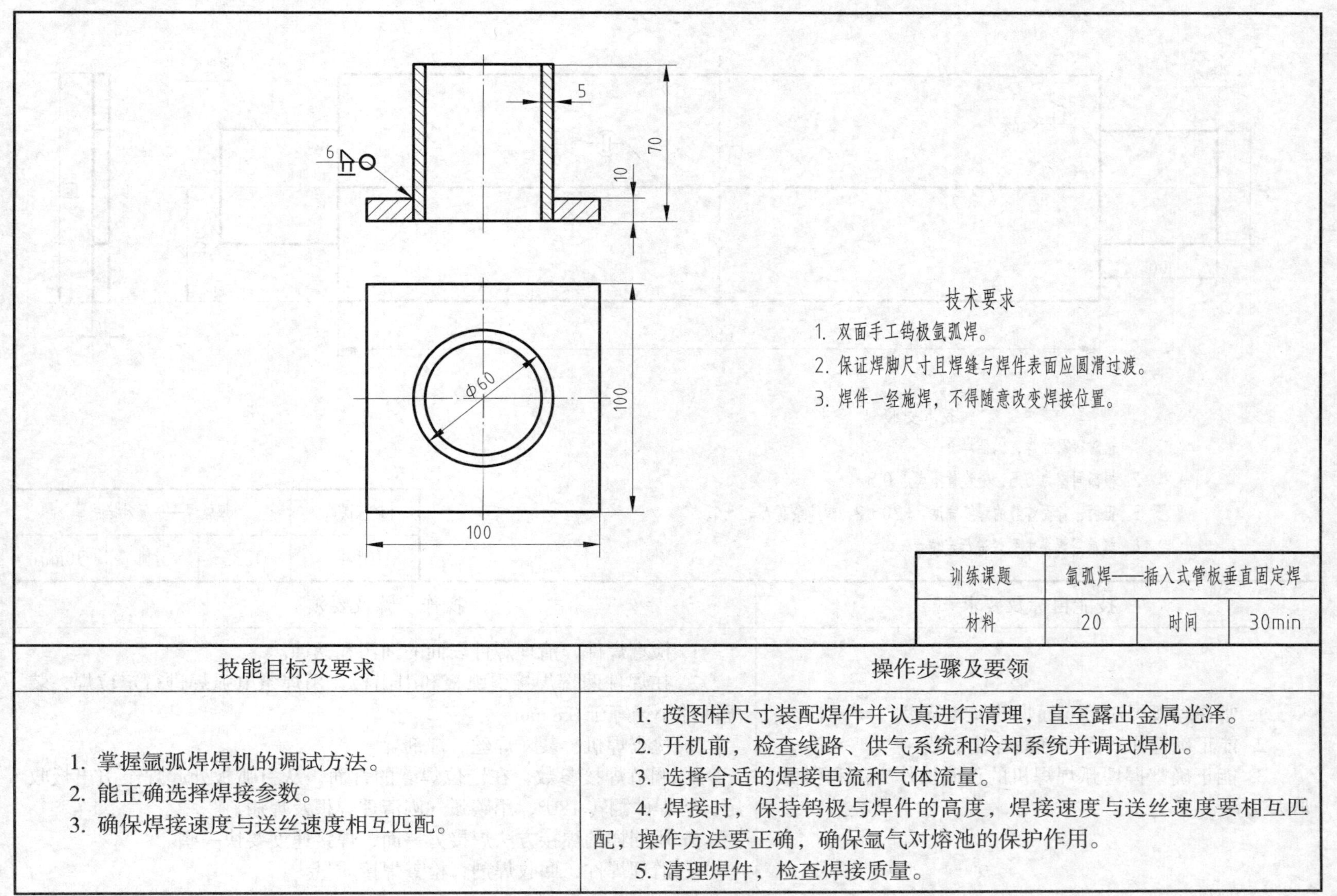

技能目标及要求	操作步骤及要领
1. 掌握氩弧焊焊机的调试方法。 2. 能正确选择焊接参数。 3. 确保焊接速度与送丝速度相互匹配。	1. 按图样尺寸装配焊件并认真进行清理，直至露出金属光泽。 2. 开机前，检查线路、供气系统和冷却系统并调试焊机。 3. 选择合适的焊接电流和气体流量。 4. 焊接时，保持钨极与焊件的高度，焊接速度与送丝速度要相互匹配，操作方法要正确，确保氩气对熔池的保护作用。 5. 清理焊件，检查焊接质量。

八、埋弧焊——板对接平焊

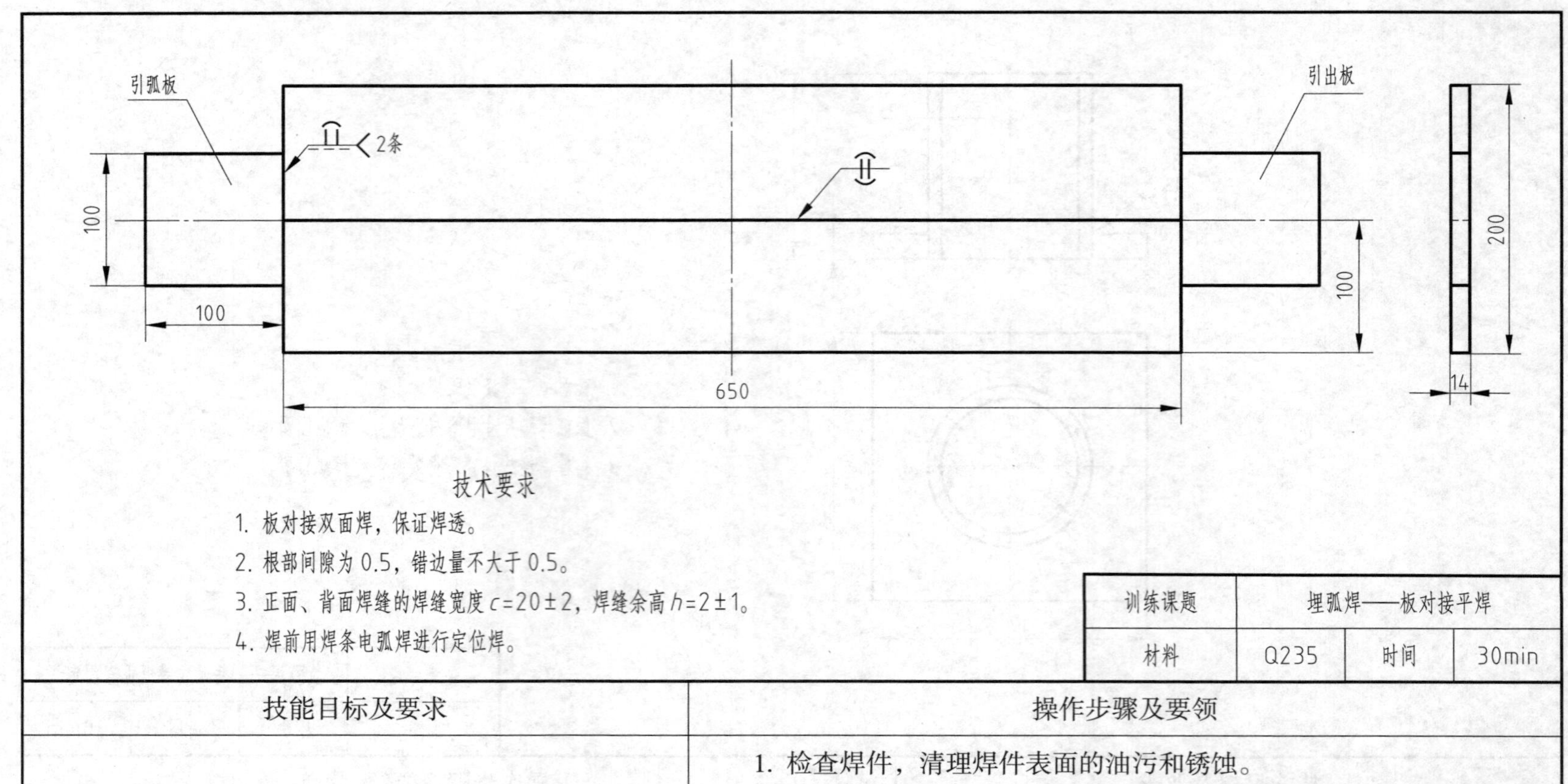

技能目标及要求	操作步骤及要领
1. 掌握埋弧焊对接双面焊的焊接技术。 2. 能正确选择双面焊缝的焊接参数。 3. 能正确掌握埋弧焊焊机的正确操作方法和引弧、收弧方法。	1. 检查焊件，清理焊件表面的油污和锈蚀。 2. 在焊件两端焊接引弧板和引出板，用焊条电弧焊进行定位焊，装配间隙小于等于 0.8 mm。 3. 检查焊机，装入焊丝、焊剂。 4. 调节焊接参数，在定位焊缝的背面，从引弧板处起焊至引出板收尾。将焊件翻转 180°，用碳弧气刨清理焊根及焊瘤。 5. 用同样的焊接方法焊接另一面，焊接速度要快一些。 6. 清理焊件，回收焊剂，检查焊接质量。

九、CO_2 焊——平角焊

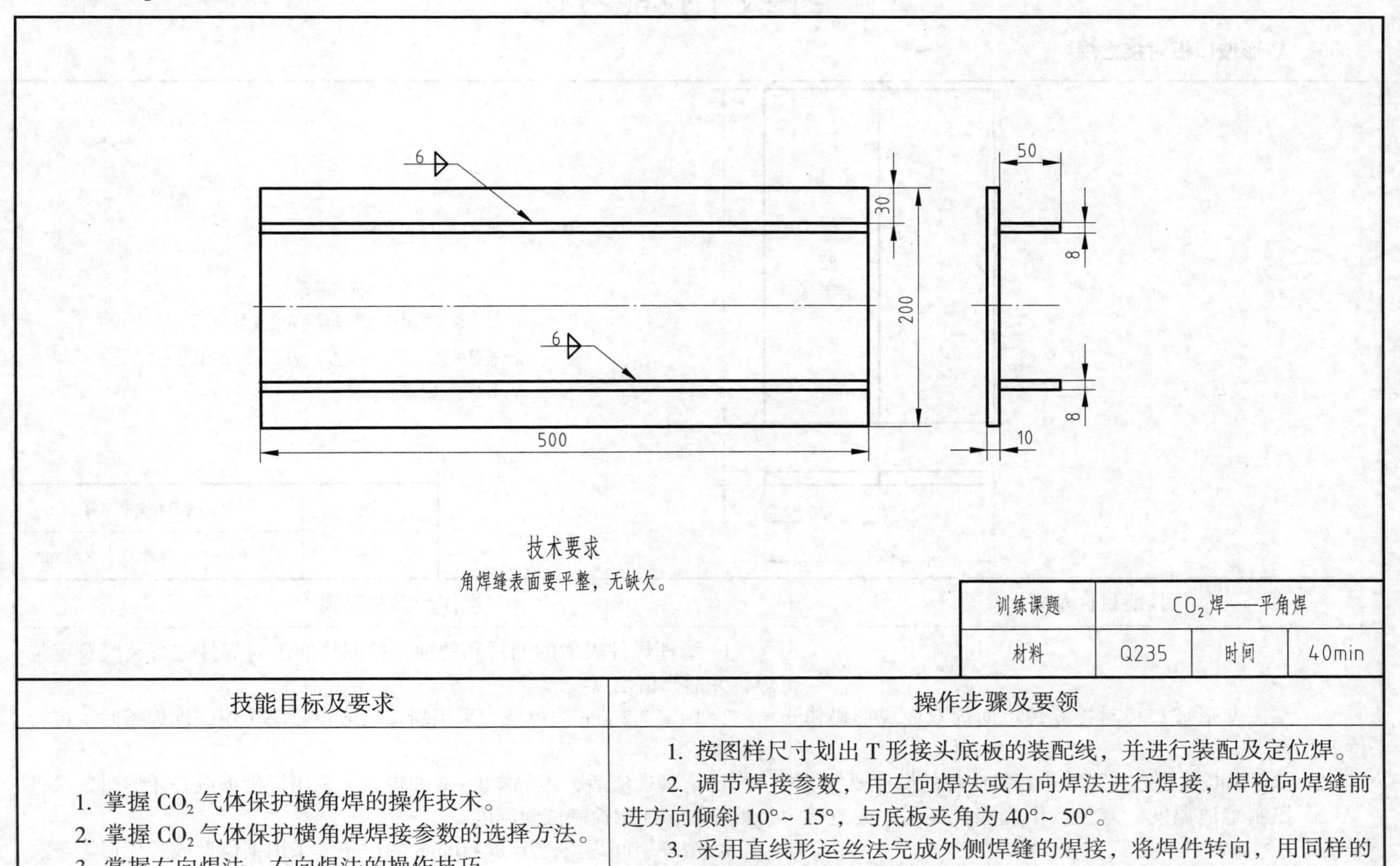

训练课题	CO_2 焊——平角焊		
材料	Q235	时间	40min

技能目标及要求	操作步骤及要领
1. 掌握 CO_2 气体保护横角焊的操作技术。 2. 掌握 CO_2 气体保护横角焊焊接参数的选择方法。 3. 掌握左向焊法、右向焊法的操作技巧。	1. 按图样尺寸划出 T 形接头底板的装配线，并进行装配及定位焊。 2. 调节焊接参数，用左向焊法或右向焊法进行焊接，焊枪向焊缝前进方向倾斜 10°~ 15°，与底板夹角为 40°~ 50°。 3. 采用直线形运丝法完成外侧焊缝的焊接，将焊件转向，用同样的方法焊接内侧焊缝至图样所要求的尺寸。 4. 清理焊件，检查焊接质量。

中级工技能考核

一、V 形坡口板对接立焊

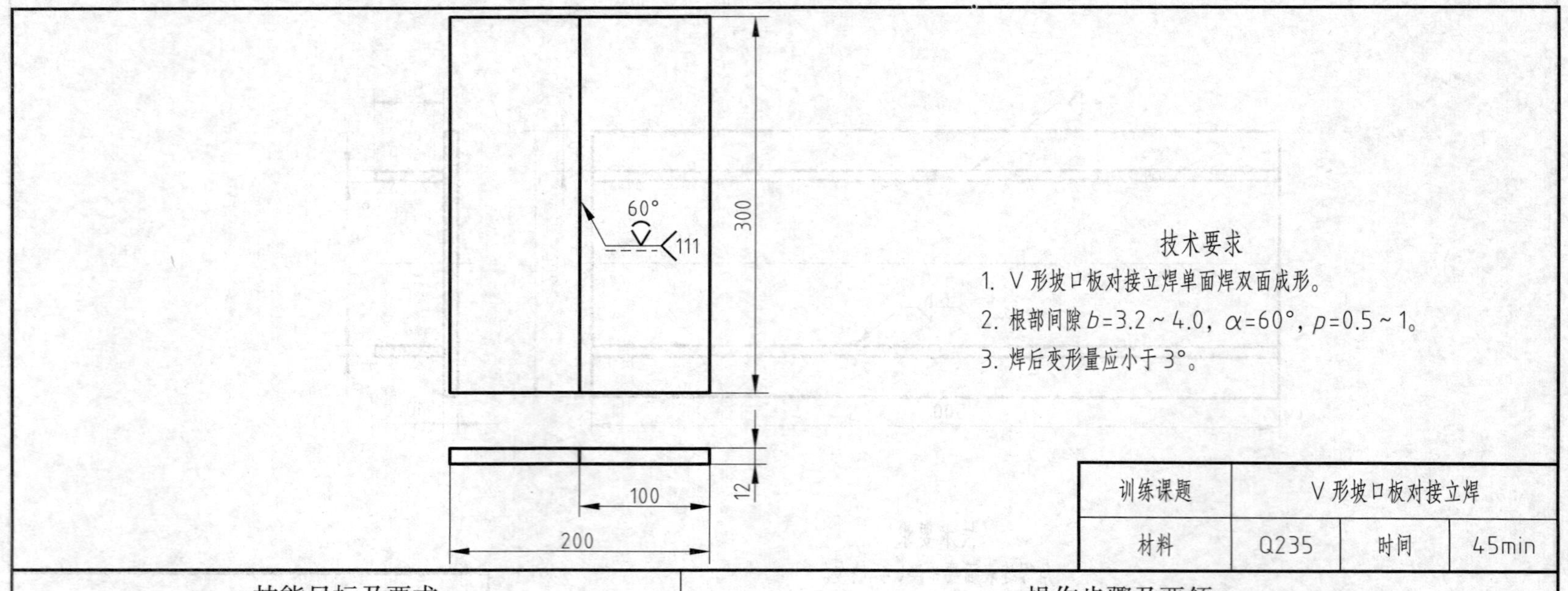

训练课题	V 形坡口板对接立焊		
材料	Q235	时间	45min

技能目标及要求	操作步骤及要领
1. 掌握 V 形坡口板对接立焊单面焊双面成形操作技术。 2. 掌握用断弧法或连弧法进行打底焊的操作要领。 3. 控制熔池温度，避免产生烧穿、气孔、夹渣等焊接缺欠。	1. 清理焊件表面的油污和锈蚀，按图样要求对焊件进行装配及定位焊，并适当留出反变形量。 2. 用 ϕ3.2 mm 的焊条，采用断弧法或连弧法（用碱性焊条时）进行打底焊。 3. 清理焊渣后，用 ϕ4.0 mm 的焊条，采用锯齿形或月牙形运条法进行填充焊，注意控制层间温度。 4. 清理层间焊渣，用 ϕ4.0 mm 的焊条，采用锯齿形或月牙形运条法进行盖面焊。 5. 清理焊件，检查焊接质量。

二、V形坡口板对接横焊

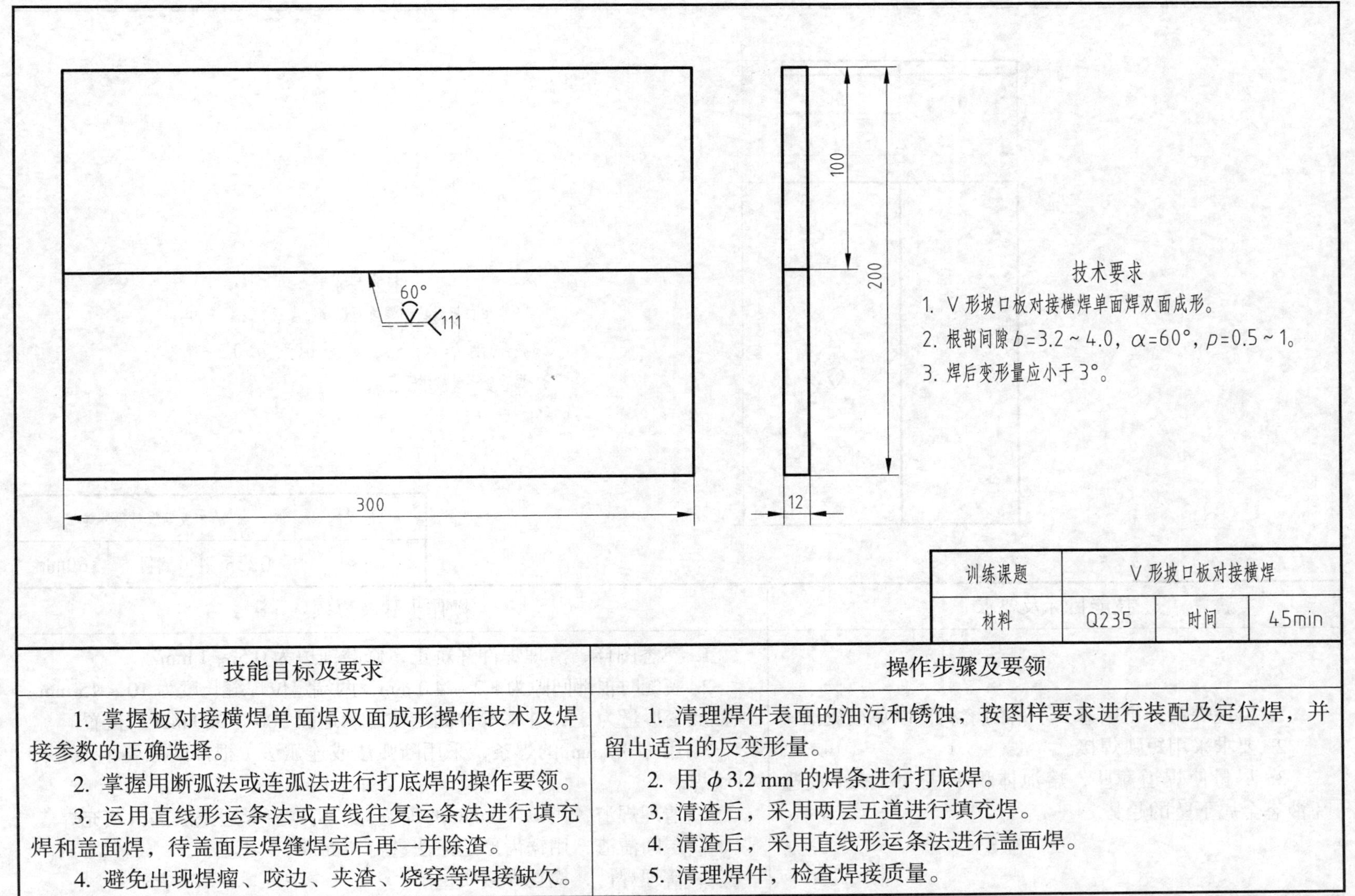

训练课题	V形坡口板对接横焊		
材料	Q235	时间	45min

技能目标及要求	操作步骤及要领
1. 掌握板对接横焊单面焊双面成形操作技术及焊接参数的正确选择。 2. 掌握用断弧法或连弧法进行打底焊的操作要领。 3. 运用直线形运条法或直线往复运条法进行填充焊和盖面焊，待盖面层焊缝焊完后再一并除渣。 4. 避免出现焊瘤、咬边、夹渣、烧穿等焊接缺欠。	1. 清理焊件表面的油污和锈蚀，按图样要求进行装配及定位焊，并留出适当的反变形量。 2. 用 ϕ3.2 mm 的焊条进行打底焊。 3. 清渣后，采用两层五道进行填充焊。 4. 清渣后，采用直线形运条法进行盖面焊。 5. 清理焊件，检查焊接质量。

三、V 形坡口板对接仰焊

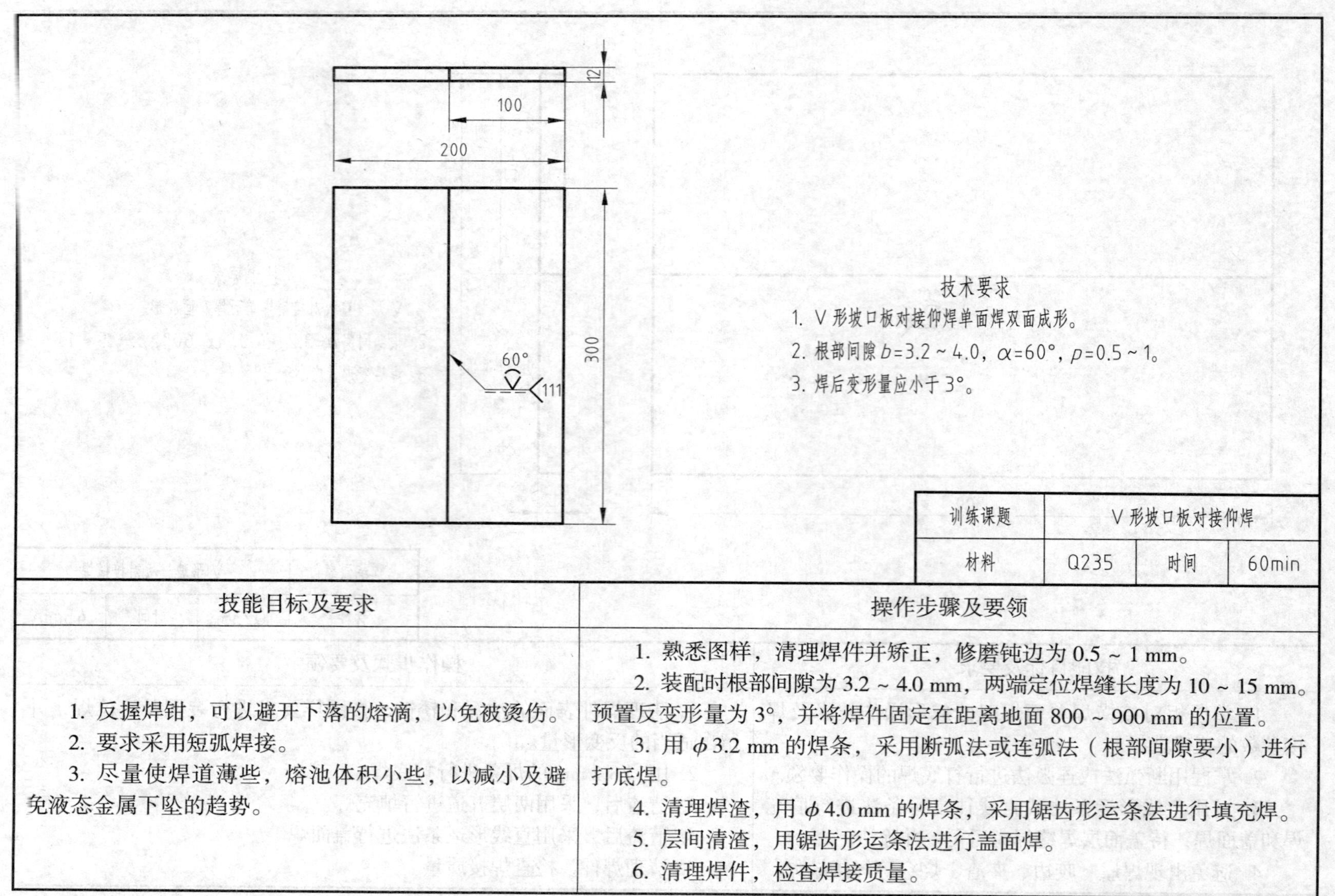

技能目标及要求	操作步骤及要领
1. 反握焊钳，可以避开下落的熔滴，以免被烫伤。 2. 要求采用短弧焊接。 3. 尽量使焊道薄些，熔池体积小些，以减小及避免液态金属下坠的趋势。	1. 熟悉图样，清理焊件并矫正，修磨钝边为 0.5 ~ 1 mm。 2. 装配时根部间隙为 3.2 ~ 4.0 mm，两端定位焊缝长度为 10 ~ 15 mm。预置反变形量为 3°，并将焊件固定在距离地面 800 ~ 900 mm 的位置。 3. 用 ϕ3.2 mm 的焊条，采用断弧法或连弧法（根部间隙要小）进行打底焊。 4. 清理焊渣，用 ϕ4.0 mm 的焊条，采用锯齿形运条法进行填充焊。 5. 层间清渣，用锯齿形运条法进行盖面焊。 6. 清理焊件，检查焊接质量。

四、管对接水平固定焊

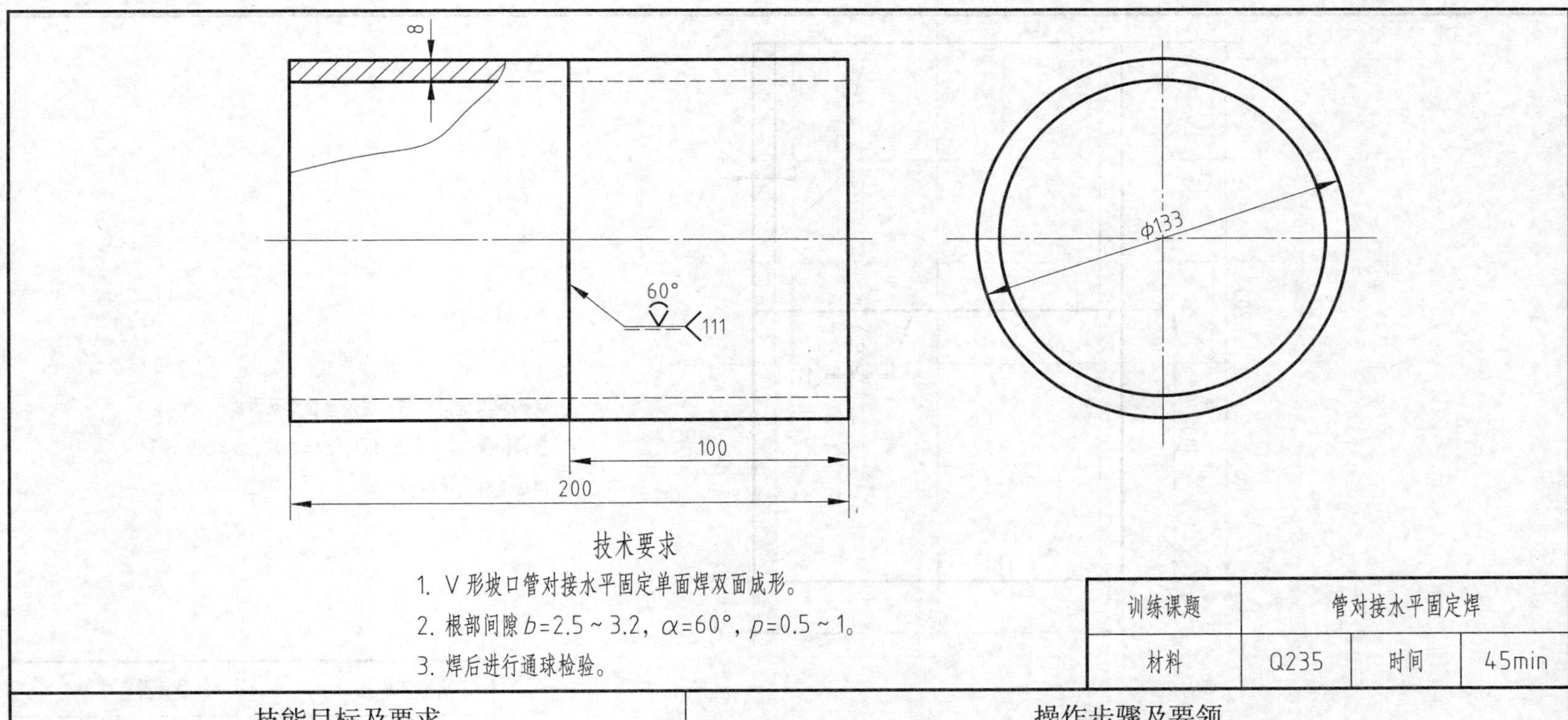

技能目标及要求	操作步骤及要领
1. 采用断弧法进行打底焊。 2. 采用月牙形运条法，控制熔池形状为椭圆形，可以保证焊缝与焊件圆滑过渡。 3. 仰位接头时，应将接头修磨成缓坡状或用电弧将其切割成缓坡状，以保证接头质量。	1. 熟悉图样，清理坡口表面，修磨钝边为 0.5～1 mm。 2. 装配及定位焊，并将管子水平放置，在距地面 800～900 mm 处固定。 3. 从管子仰位起焊，焊接前半周后，修磨仰位、平位接头成缓坡状。 4. 变换位置，焊接管子的后半周，焊完打底层。 5. 清理焊渣，其余各层（包括盖面层）均采用月牙形或锯齿形运条法焊接，保证焊道间及坡口边缘充分熔合。 6. 清理焊件，检查正面和背面焊缝。

五、管对接垂直固定焊

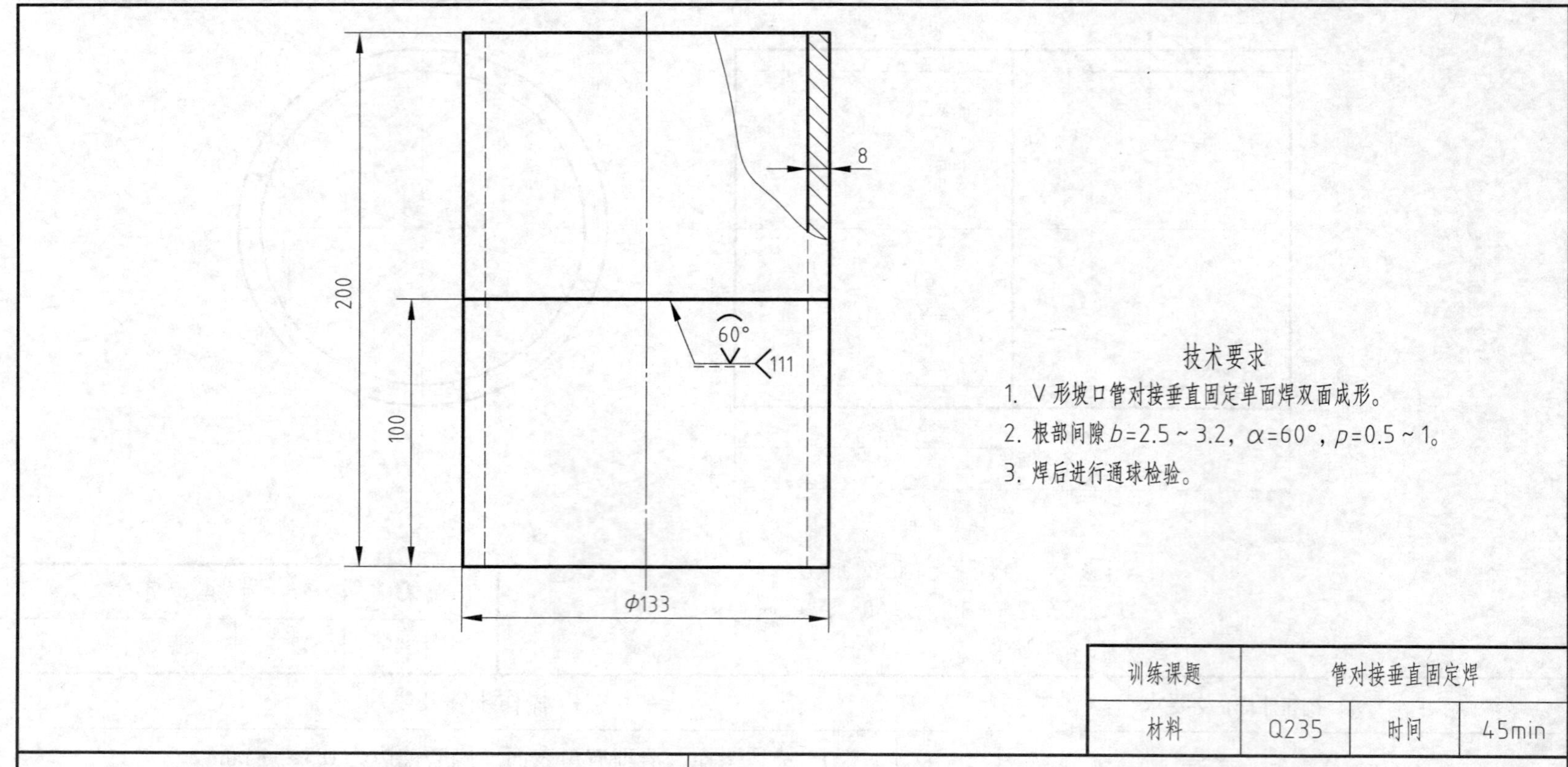

技能目标及要求	操作步骤及要领
1. 采用断弧法焊接打底层。 2. 填充层的填充量以距焊件表面 1 mm 左右为宜。 3. 盖面层焊缝各焊道间的焊渣，要待焊件焊完后再一并清除，以保证焊缝表面的金属光泽。	1. 清理焊件表面的油污和锈蚀，修磨坡口及钝边，按图样尺寸装配，留出根部间隙，按圆周均布进行三处定位焊，然后将焊件固定在焊接平台上。 2. 在定位焊缝处起焊进行打底焊。 3. 清渣后，用多层多道焊焊接填充层和盖面层。 4. 清理焊件，检查正面、背面焊缝，并进行通球检验。

六、骑座式管板水平固定焊

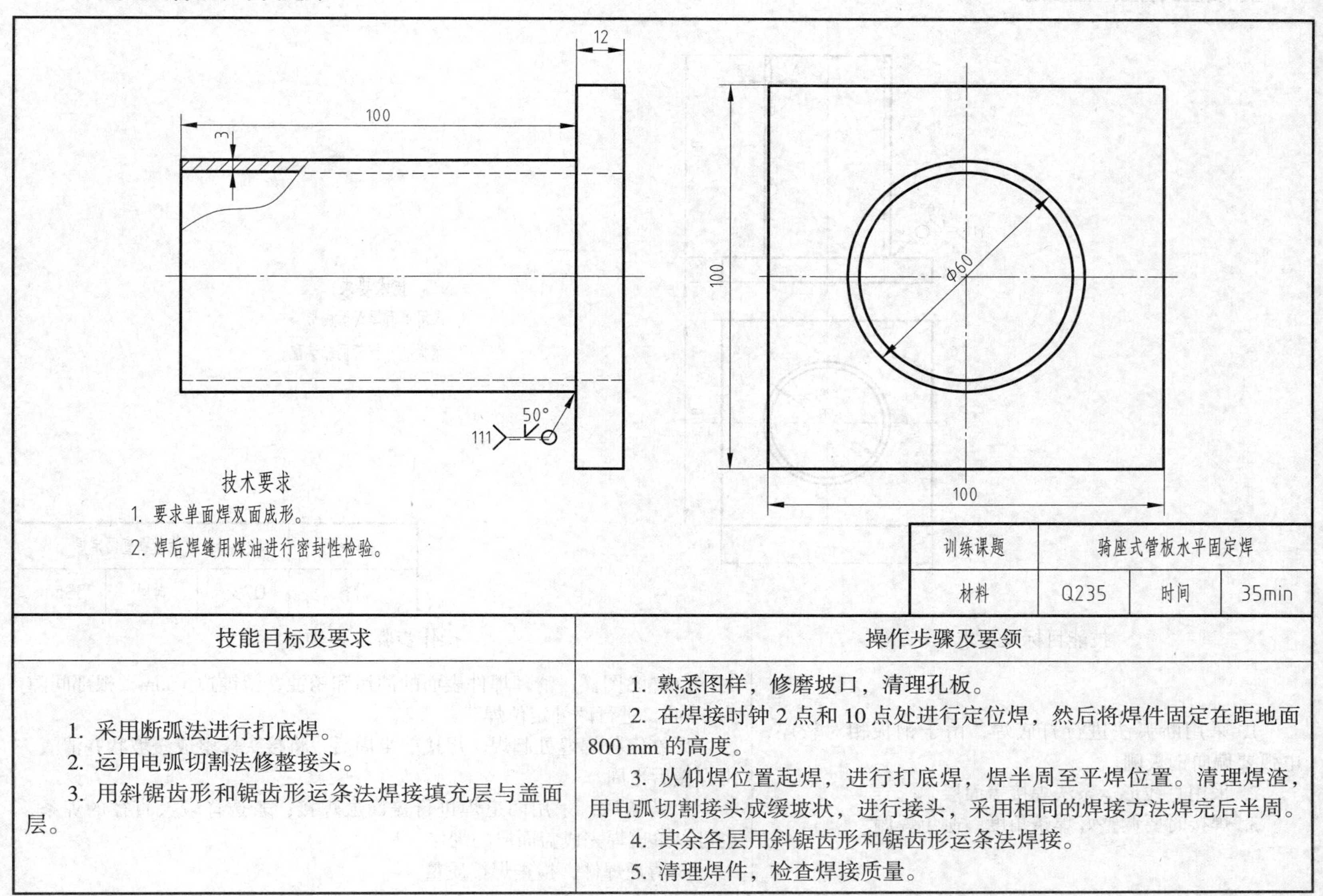

训练课题	骑座式管板水平固定焊		
材料	Q235	时间	35min

技能目标及要求	操作步骤及要领
1. 采用断弧法进行打底焊。 2. 运用电弧切割法修整接头。 3. 用斜锯齿形和锯齿形运条法焊接填充层与盖面层。	1. 熟悉图样，修磨坡口，清理孔板。 2. 在焊接时钟 2 点和 10 点处进行定位焊，然后将焊件固定在距地面 800 mm 的高度。 3. 从仰焊位置起焊，进行打底焊，焊半周至平焊位置。清理焊渣，用电弧切割接头成缓坡状，进行接头，采用相同的焊接方法焊完后半周。 4. 其余各层用斜锯齿形和锯齿形运条法焊接。 5. 清理焊件，检查焊接质量。

七、骑座式管板垂直固定焊

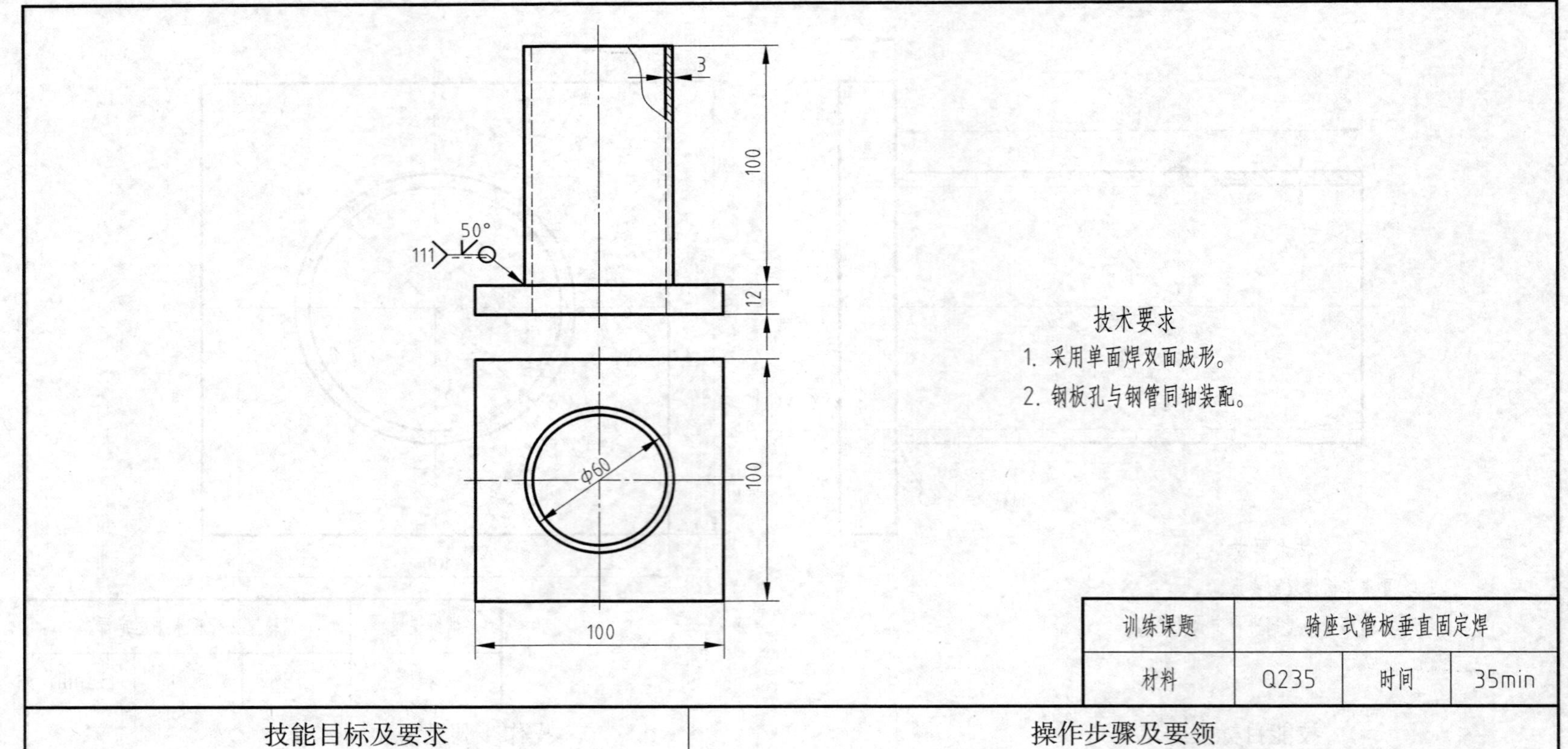

训练课题	骑座式管板垂直固定焊		
材料	Q235	时间	35min

技能目标及要求	操作步骤及要领
1. 采用断弧法进行打底焊，由于钢板相对较厚，电弧要偏向钢板侧。 2. 采用直线形运条法焊接盖面层。 3. 焊接时要调整好焊条角度，避免焊偏。	1. 熟悉图样，清理焊件表面的油污和锈蚀，留钝边 1 mm，根部间隙为 3 mm，进行两处定位焊。 2. 在定位焊缝处起焊。焊接前半周后，将接头修整成缓坡状并清渣，再焊接后半周。 3. 清渣后，采用两道焊进行盖面层焊接；若选择较大直径的焊条，也可以单道焊完成盖面层的焊接。 4. 清理焊件，检查焊接质量。

八、管对接 45°固定焊

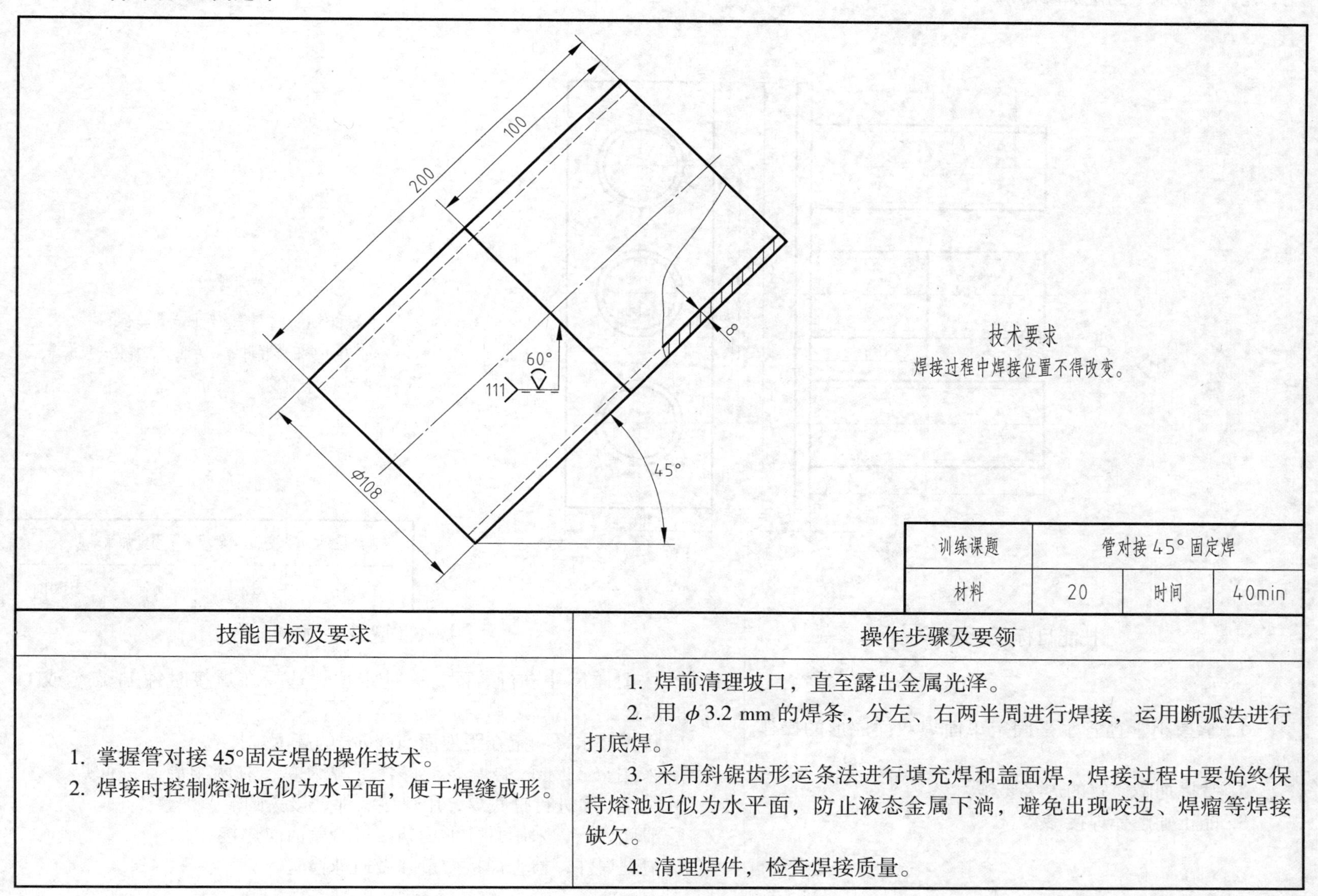

技能目标及要求	操作步骤及要领
1. 掌握管对接 45°固定焊的操作技术。 2. 焊接时控制熔池近似为水平面，便于焊缝成形。	1. 焊前清理坡口，直至露出金属光泽。 2. 用 ϕ3.2 mm 的焊条，分左、右两半周进行焊接，运用断弧法进行打底焊。 3. 采用斜锯齿形运条法进行填充焊和盖面焊，焊接过程中要始终保持熔池近似为水平面，防止液态金属下淌，避免出现咬边、焊瘤等焊接缺欠。 4. 清理焊件，检查焊接质量。

九、管板水平固定加障碍焊

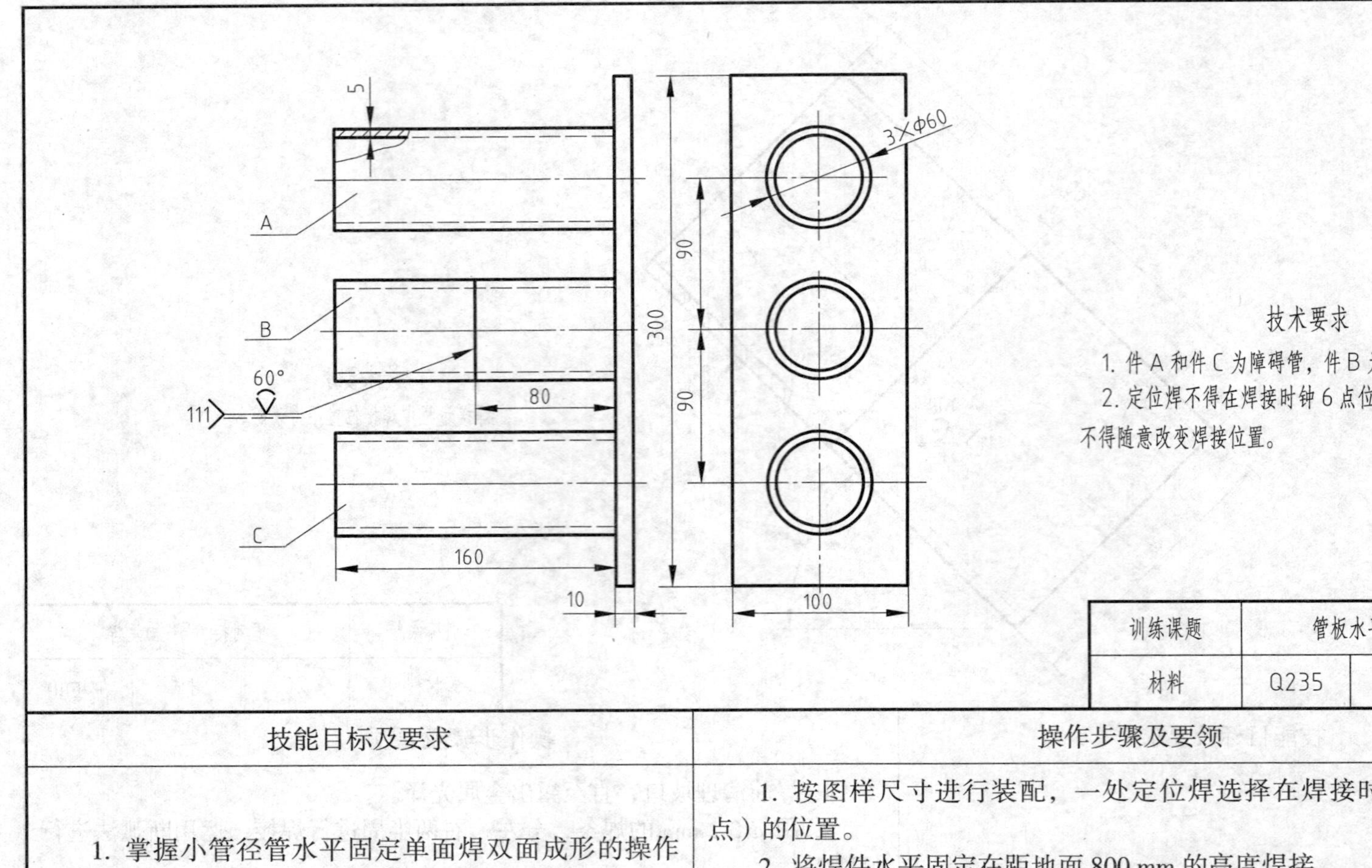

训练课题	管板水平固定加障碍焊		
材料	Q235	时间	30min

技能目标及要求	操作步骤及要领
1. 掌握小管径管水平固定单面焊双面成形的操作技术。 2. 掌握加障碍管的焊接要领。 3. 能正确选择焊接参数。	1. 按图样尺寸进行装配，一处定位焊选择在焊接时钟11点（或1点）的位置。 2. 将焊件水平固定在距地面800 mm的高度焊接。 3. 采用 ϕ3.2 mm的焊条，将管子分为左、右两半周，按仰焊、立焊、平焊的顺序进行打底焊，用热接法保证接头圆滑、平整。 4. 清理焊渣，采用月牙形运条法进行盖面层焊接。 5. 清理焊件，检查焊接质量并做通球检验。

十、管板垂直固定加障碍焊

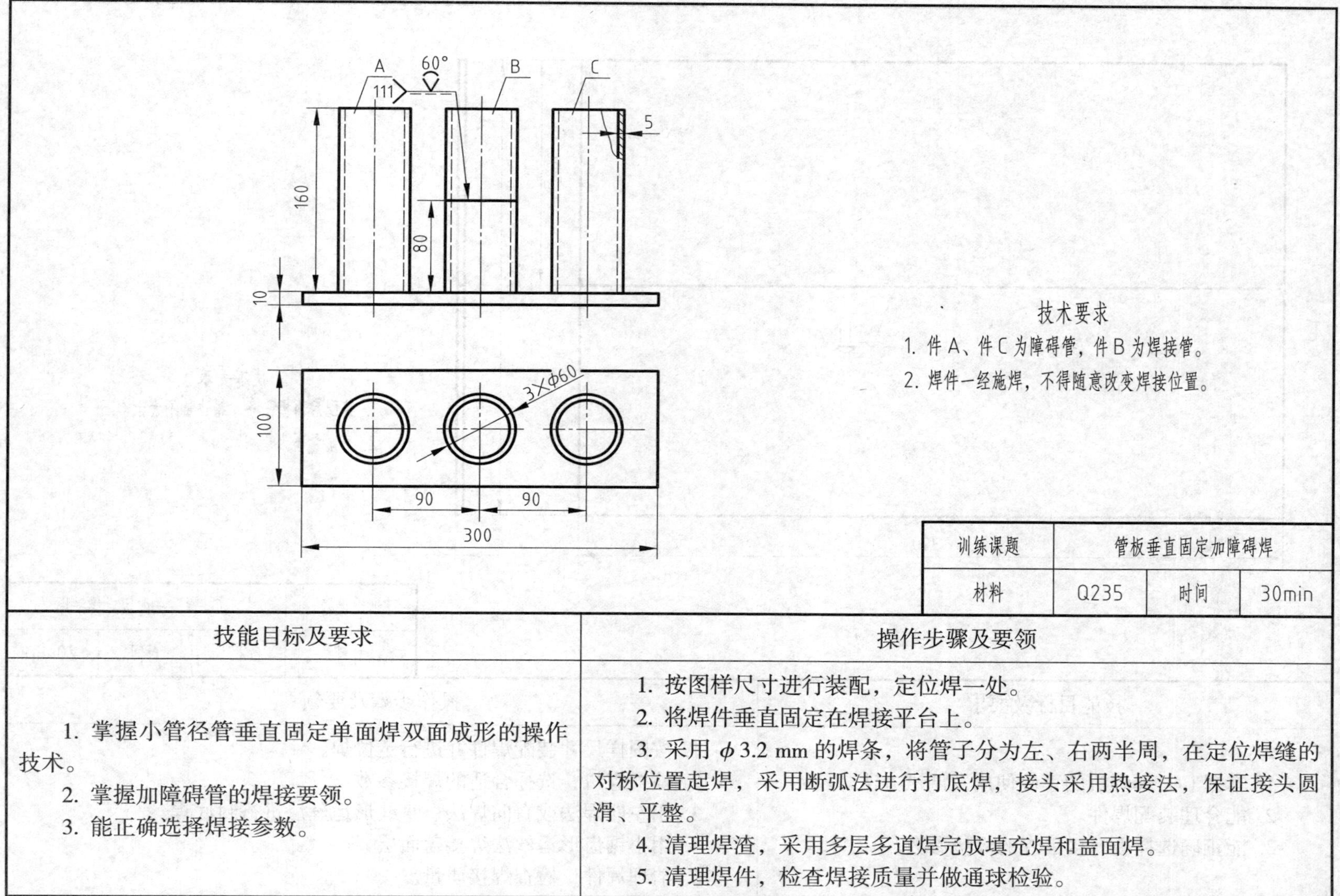

训练课题	管板垂直固定加障碍焊		
材料	Q235	时间	30min

技能目标及要求	操作步骤及要领
1. 掌握小管径管垂直固定单面焊双面成形的操作技术。 2. 掌握加障碍管的焊接要领。 3. 能正确选择焊接参数。	1. 按图样尺寸进行装配，定位焊一处。 2. 将焊件垂直固定在焊接平台上。 3. 采用 ϕ3.2 mm 的焊条，将管子分为左、右两半周，在定位焊缝的对称位置起焊，采用断弧法进行打底焊，接头采用热接法，保证接头圆滑、平整。 4. 清理焊渣，采用多层多道焊完成填充焊和盖面焊。 5. 清理焊件，检查焊接质量并做通球检验。

十一、CO_2 焊——薄板对接平焊

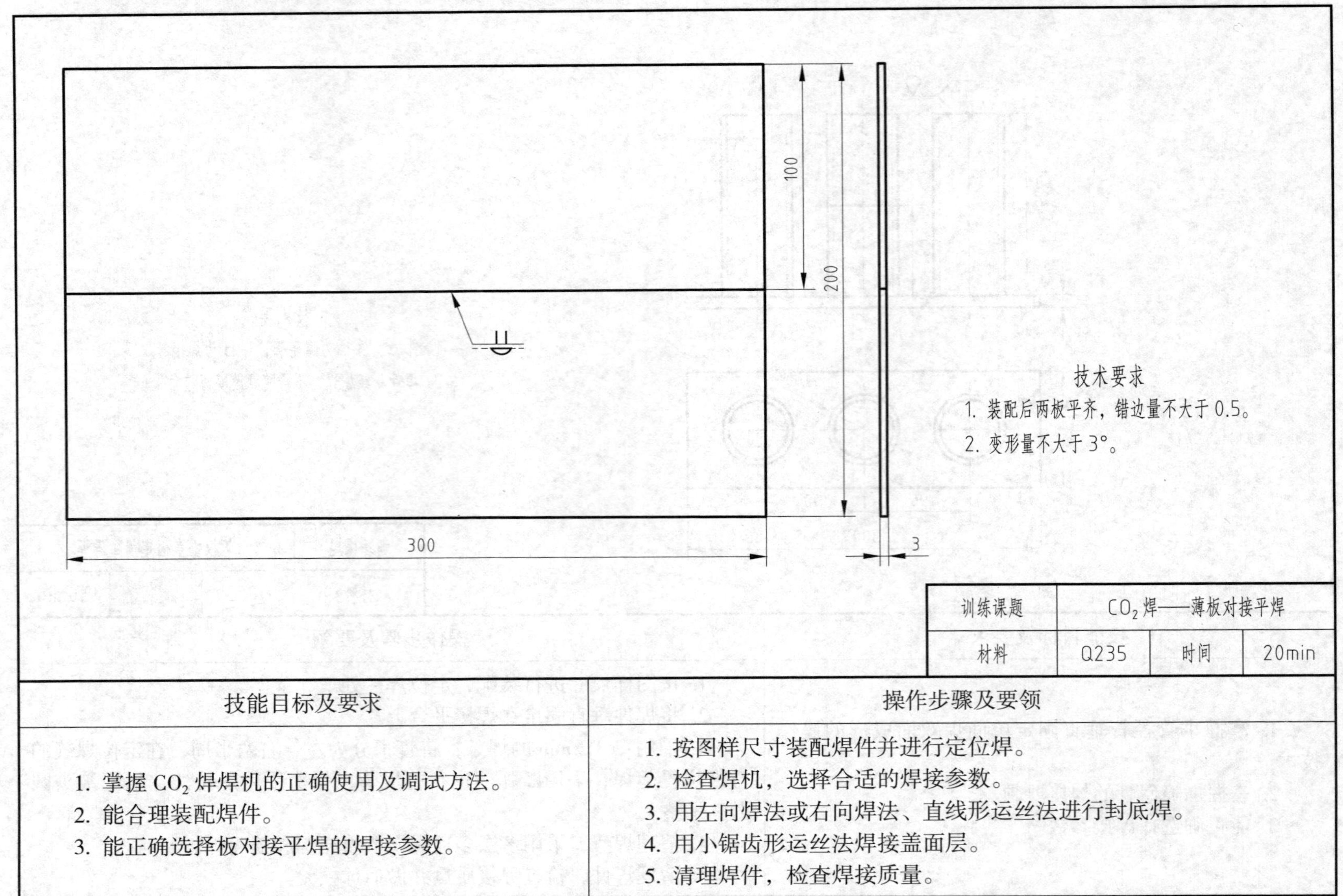

训练课题	CO_2 焊——薄板对接平焊		
材料	Q235	时间	20min

技能目标及要求	操作步骤及要领
1. 掌握 CO_2 焊焊机的正确使用及调试方法。 2. 能合理装配焊件。 3. 能正确选择板对接平焊的焊接参数。	1. 按图样尺寸装配焊件并进行定位焊。 2. 检查焊机，选择合适的焊接参数。 3. 用左向焊法或右向焊法、直线形运丝法进行封底焊。 4. 用小锯齿形运丝法焊接盖面层。 5. 清理焊件，检查焊接质量。

十二、CO_2 焊——板对接立焊

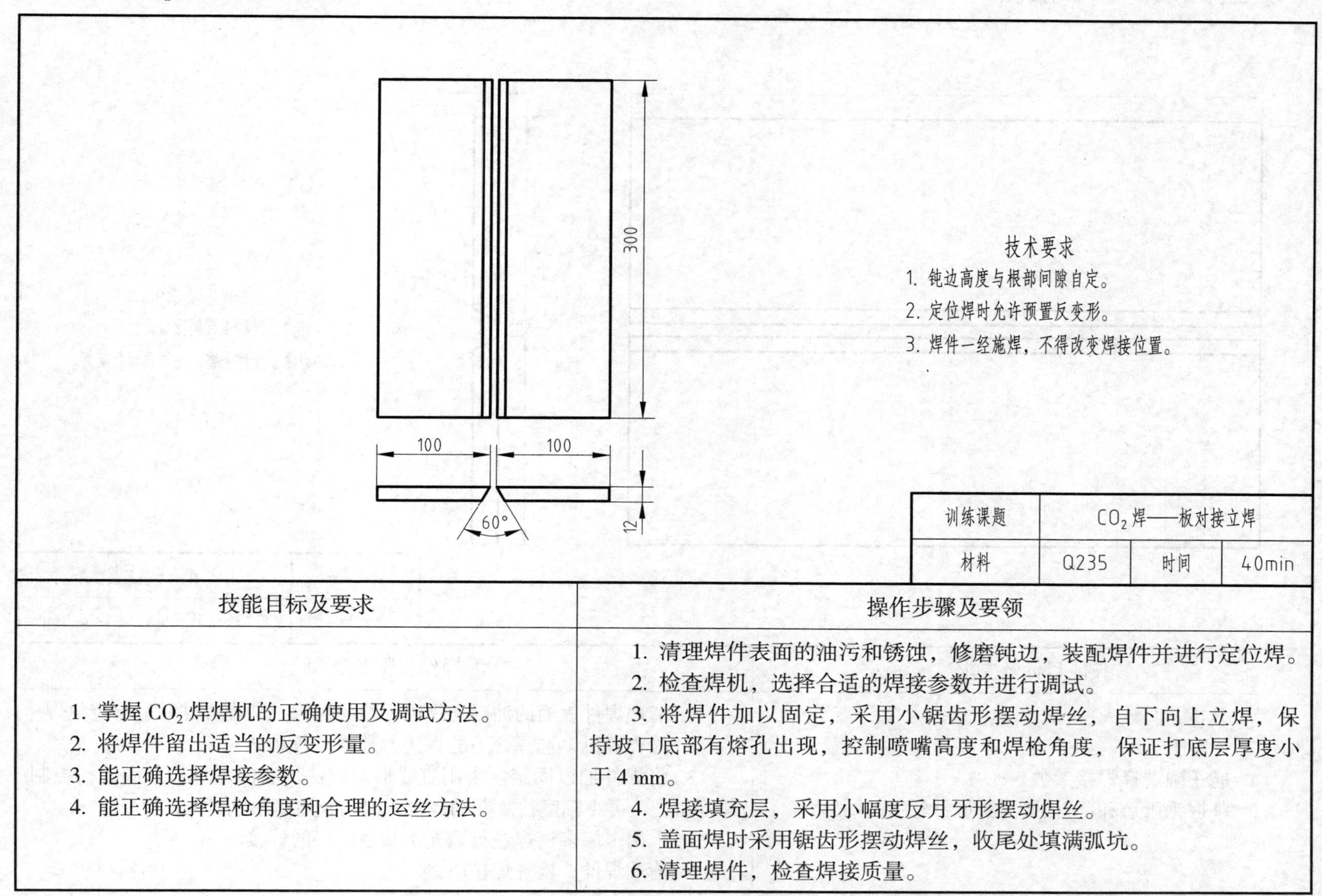

训练课题	CO_2 焊——板对接立焊		
材料	Q235	时间	40min

技能目标及要求	操作步骤及要领
1. 掌握 CO_2 焊焊机的正确使用及调试方法。 2. 将焊件留出适当的反变形量。 3. 能正确选择焊接参数。 4. 能正确选择焊枪角度和合理的运丝方法。	1. 清理焊件表面的油污和锈蚀，修磨钝边，装配焊件并进行定位焊。 2. 检查焊机，选择合适的焊接参数并进行调试。 3. 将焊件加以固定，采用小锯齿形摆动焊丝，自下向上立焊，保持坡口底部有熔孔出现，控制喷嘴高度和焊枪角度，保证打底层厚度小于 4 mm。 4. 焊接填充层，采用小幅度反月牙形摆动焊丝。 5. 盖面焊时采用锯齿形摆动焊丝，收尾处填满弧坑。 6. 清理焊件，检查焊接质量。

十三、CO_2 焊——板对接横焊

300

12

100

100

60°

技术要求

1. 钝边高度和根部间隙自定。

2. 为保证焊件平整，允许预置反变形。

训练课题	CO_2 焊——板对接横焊		
材料	Q235	时间	40min

技能目标及要求	操作步骤及要领
1. 能正确选择焊接参数。 2. 掌握锯齿形和反月牙形摆动焊丝的操作技术。	1. 清理焊件表面的油污和锈蚀，修磨钝边，装配焊件并进行定位焊。 2. 检查焊机，选择合适的焊接参数并进行调试。 3. 将焊件加以固定。采用直线形运丝法从右向左进行打底焊，控制焊枪角度，可小幅度往复摆动焊枪，以防止熔滴下淌。 4. 采用多层多道焊进行填充层和盖面层的焊接。 5. 清理焊件，检查焊接质量。

十四、CO_2焊——管对接水平固定焊

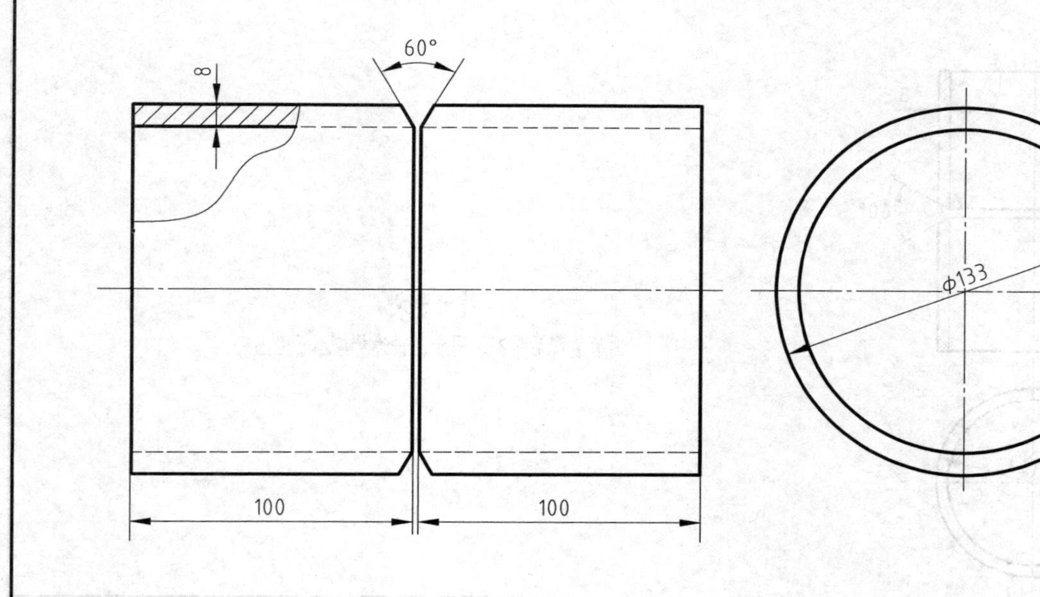

技术要求

1. 钝边高度及根部间隙自定。

2. 焊件一经固定不得改变位置，不得在焊接时钟 6 点处进行定位焊。

训练课题	CO_2 焊——管对接水平固定焊		
材料	20	时间	50min

技能目标及要求	操作步骤及要领
1. 能正确选择焊接参数。 2. 能熟练调试及使用焊机。 3. 操作中能随管子的弯曲适时调整焊枪角度。 4. 能确保气体对熔池的保护作用。	1. 清理焊件表面的油污和锈蚀，修磨钝边，装配焊件并进行定位焊。 2. 检查焊机是否正常，调节气体流量、焊接电流、电弧电压。 3. 将焊件固定在焊接夹具上进行打底焊。分左、右两半周进行焊接，从仰位起焊至平位，焊枪做小幅度锯齿形摆动，控制电弧长度为 3 ~ 4 mm，保证焊透。 4. 焊接填充层和盖面层时，焊枪做锯齿形摆动，在坡口两侧适当停顿，保证熔合良好。 5. 清理焊件，检查焊接质量。

十五、CO_2焊——管对接垂直固定焊

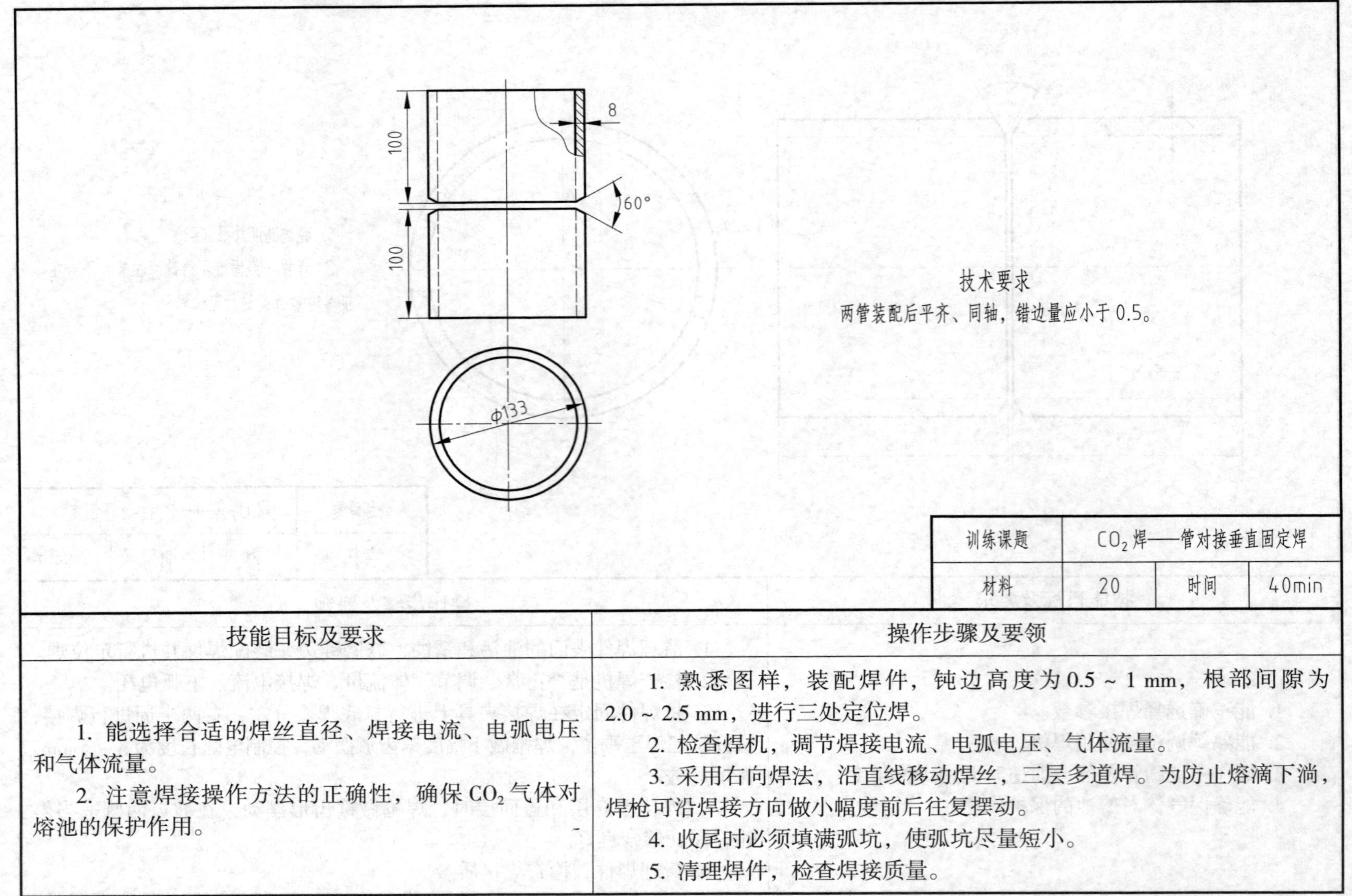

技能目标及要求	操作步骤及要领
1. 能选择合适的焊丝直径、焊接电流、电弧电压和气体流量。 2. 注意焊接操作方法的正确性，确保CO_2气体对熔池的保护作用。	1. 熟悉图样，装配焊件，钝边高度为0.5～1 mm，根部间隙为2.0～2.5 mm，进行三处定位焊。 2. 检查焊机，调节焊接电流、电弧电压、气体流量。 3. 采用右向焊法，沿直线移动焊丝，三层多道焊。为防止熔滴下淌，焊枪可沿焊接方向做小幅度前后往复摆动。 4. 收尾时必须填满弧坑，使弧坑尽量短小。 5. 清理焊件，检查焊接质量。

十六、等离子弧焊——板对接平焊

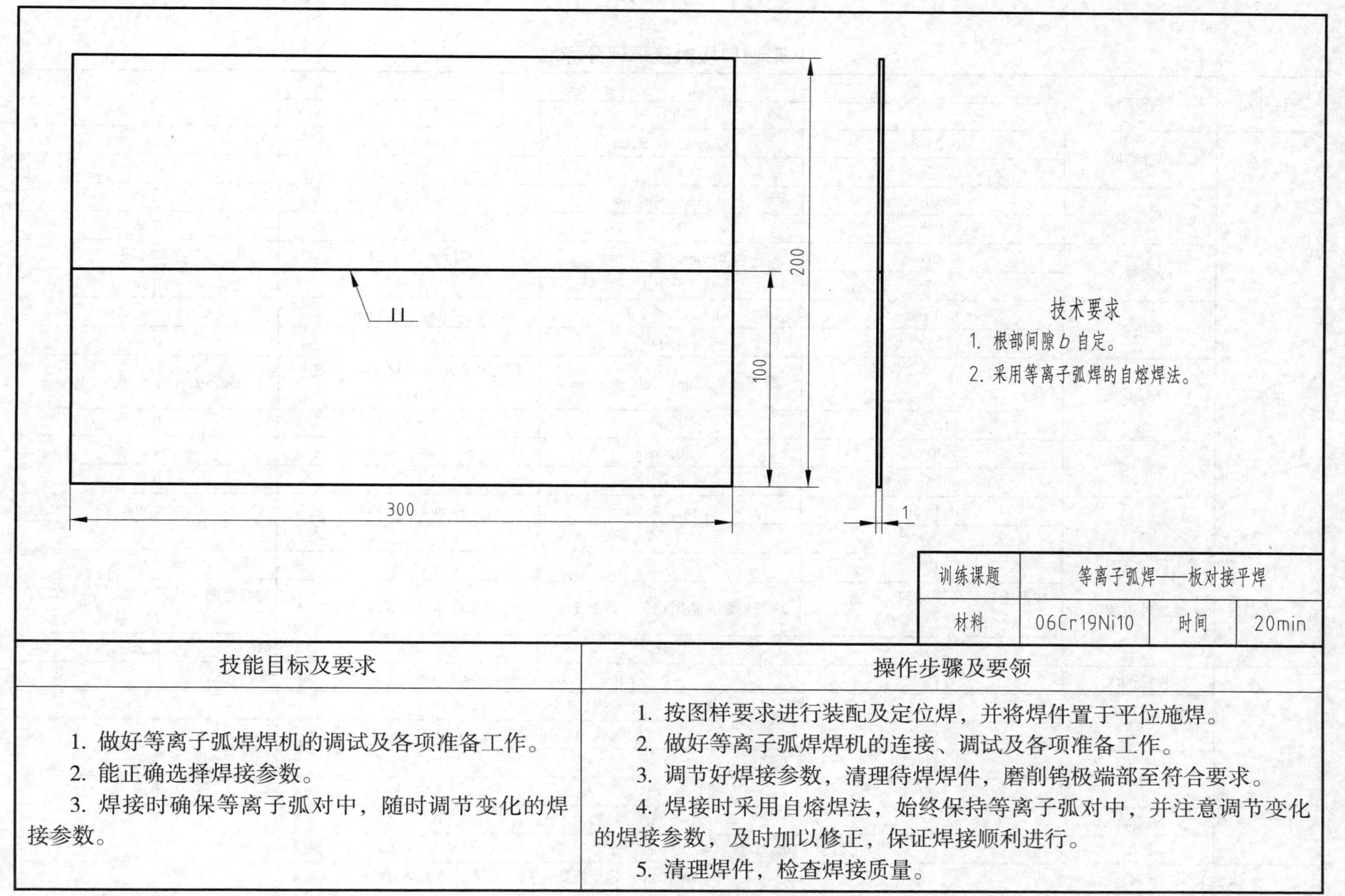

训练课题	等离子弧焊——板对接平焊		
材料	06Cr19Ni10	时间	20min

技能目标及要求	操作步骤及要领
1. 做好等离子弧焊焊机的调试及各项准备工作。 2. 能正确选择焊接参数。 3. 焊接时确保等离子弧对中，随时调节变化的焊接参数。	1. 按图样要求进行装配及定位焊，并将焊件置于平位施焊。 2. 做好等离子弧焊焊机的连接、调试及各项准备工作。 3. 调节好焊接参数，清理待焊焊件，磨削钨极端部至符合要求。 4. 焊接时采用自熔焊法，始终保持等离子弧对中，并注意调节变化的焊接参数，及时加以修正，保证焊接顺利进行。 5. 清理焊件，检查焊接质量。

评分标准

V形坡口板对接焊评分标准

焊件外观	检查项目	焊缝等级、标准和配分			
		Ⅰ	Ⅱ	Ⅲ	Ⅳ
正面	焊缝高度	0~2 mm	>2 mm，≤ 3 mm	>3 mm，≤ 4 mm	>4 mm，<0
		5分	3分	1分	0分
	高度差	≤ 1 mm	>1 mm，≤ 2 mm	>2 mm，≤ 3 mm	>3 mm
		7分	4分	1分	0分
	焊缝宽度	≤ 20 mm	>20 mm，≤ 21 mm	>21 mm，≤ 22 mm	>22 mm
		5分	3分	1分	0分
	宽度差	≤ 1 mm	>1 mm，≤ 2 mm	>2 mm，≤ 3 mm	>3 mm
		7分	4分	1分	0分
	咬边	0	深度≤ 0.5 mm；长度≤ 15 mm	深度≤ 0.5 mm；15 mm< 长度≤ 30 mm	深度 >0.5 mm 或长度 >30 mm
		10分	7分	5分	0分
	错边量	0	≤ 0.5 mm	>0.5 mm，≤ 1 mm	>1 mm
		6分	4分	1分	0分
	角变形	0~1 mm	>1 mm，≤ 3 mm	>3 mm，≤ 5 mm	>5 mm
		5分	3分	1分	0分
	焊缝外表成形	优	良	一般	差
		成形美观，鱼鳞均匀、细密，高低、宽窄一致	成形较好，鱼鳞均匀，焊缝平整	成形尚可，焊缝平直	焊缝弯曲，高低、宽窄不一致，有表面焊接缺欠
		5分	3分	1分	0分
背面	焊缝高度	0 ~ 3 mm，5分；>3 mm 或<0，0分			
	咬边	无咬边，5分；有咬边，0分			
	气孔	无气孔，5分；有气孔，0分			
	背面成形	优	良	一般	差
		5分	3分	1分	0分
	未焊透	无未焊透，10分；有未焊透，0分			
	凹陷	无内凹 10分；深度≤ 0.5 mm，每 2 mm 长扣 1 分（最多扣 10 分）；深度 >0.5 mm，0 分			
安全文明生产		合格 10 分；违反操作规程，视情况扣 1 ~ 10 分			

I 形坡口板对接焊评分标准

焊件外观	检查项目	焊缝等级、标准和配分			
		Ⅰ	Ⅱ	Ⅲ	Ⅳ
正面	焊缝高度	0~2 mm	>2 mm，≤ 3 mm	>3 mm，≤ 4 mm	>4 mm，<0
		5 分	3 分	1 分	0 分
	高度差	≤ 1 mm	>1 mm，≤ 2 mm	>2 mm，≤ 3 mm	>3 mm
		7 分	4 分	1 分	0 分
	焊缝宽度	≤ 15 mm	>15 mm，≤ 16 mm	>16 mm，≤ 17 mm	>17 mm
		5 分	3 分	1 分	0 分
	宽度差	≤ 1 mm	>1 mm，≤ 2 mm	>2 mm，≤ 3 mm	>3 mm
		7 分	4 分	1 分	0 分
	咬边	0	深度≤ 0.5 mm；长度≤ 15 mm	深度≤ 0.5 mm；15 mm< 长度≤ 30 mm	深度 >0.5 mm 或长度 >30 mm
		10 分	7 分	5 分	0 分
	错边量	0	≤ 0.5 mm	>0.5 mm，≤ 1 mm	>1 mm
		6 分	4 分	1 分	0 分
	角变形	0~1 mm	>1 mm，≤ 3 mm	>3 mm，≤ 5 mm	>5 mm
		5 分	3 分	1 分	0 分
	焊缝外表成形	优	良	一般	差
		成形美观，鱼鳞均匀、细密，高低、宽窄一致	成形较好，鱼鳞均匀，焊缝平整	成形尚可，焊缝平直	焊缝弯曲，高低、宽窄不一致，有表面焊接缺欠
		5 分	3 分	1 分	0 分
背面	焊缝高度	0 ~ 2 mm，5 分；>3 mm 或 <0，0 分			
	咬边	无咬边，5 分；有咬边，0 分			
	气孔	无气孔，5 分；有气孔，0 分			
	背面成形	优	良	一般	差
		5 分	3 分	1 分	0 分
	未焊透	无未焊透，10 分；有未焊透，0 分			
	凹陷	无内凹 10 分；深度≤ 0.5 mm，每 2 mm 长扣 1 分（最多扣 10 分）；深度 >0.5 mm，0 分			
安全文明生产		合格 10 分；违反操作规程，视情况扣 1 ~ 10 分			

V 形坡口管（ϕ60 mm）对接焊评分标准

焊件外观	检查项目	焊缝等级、标准和配分			
		Ⅰ	Ⅱ	Ⅲ	Ⅳ
正面	焊缝高度	0 ~ 2 mm	>2 mm，≤ 3 mm	>3 mm，≤ 4 mm	>4 mm，<0
		5 分	3 分	1 分	0 分
	高度差	≤ 1 mm	>1 mm，≤ 2 mm	>2 mm，≤ 3 mm	>3 mm
		7 分	5 分	3 分	0 分
	焊缝宽度	≤ 12 mm	>12 mm，≤ 13 mm	>13 mm，≤ 14 mm	>14 mm
		5 分	3 分	1 分	0 分
	宽度差	≤ 1 mm	>1 mm，≤ 2 mm	>2 mm，≤ 3 mm	>3 mm
		7 分	5 分	3 分	0 分
	咬边	无咬边	深度≤ 0.5 mm；长度≤ 15 mm	深度≤ 0.5 mm；15 mm < 长度≤ 30 mm	深度 >0.5 mm 或长度 >30 mm
		10 分	7 分	5 分	0 分
	气孔	无气孔	气孔直径≤ 1.5 mm；数目为 1 个	气孔直径≤ 1.5 mm；数目为 2 个	气孔直径 >1.5 mm 或数目 >2 个
		6 分	4 分	2 分	0 分
	焊缝外表成形	优	良	一般	差
		10 分	7 分	4 分	0 分
背面	焊缝高度	0 ~ 3 mm，5 分；>3 mm 或 <0，0 分			
	咬边	无咬边，5 分；有咬边，0 分			
	气孔	无气孔，5 分；有气孔，0 分			
	背面成形	优	良	一般	差
		5 分	3 分	1 分	0 分
	未焊透	无未焊透，10 分；有未焊透，0 分			
	内凹	无内凹 5 分；深度≤ 0.5 mm，每 2 mm 长扣 1 分（最多扣 5 分）；深度 >0.5 mm，0 分			
	焊瘤	无焊瘤，5 分；有焊瘤，0 分			
安全文明生产		合格 10 分；违反操作规程，视情况扣 1 ~ 10 分			

V 形坡口管（ϕ133 mm）对接焊评分标准

<table>
<tr><td rowspan="2">焊件外观</td><td rowspan="2">检查项目</td><td colspan="4">焊缝等级、标准和配分</td></tr>
<tr><td>Ⅰ</td><td>Ⅱ</td><td>Ⅲ</td><td>Ⅳ</td></tr>
<tr><td rowspan="14">正面</td><td rowspan="2">焊缝高度</td><td>0 ~ 2 mm</td><td>>2 mm，≤ 3 mm</td><td>>3 mm，≤ 4 mm</td><td>>4 mm，<0</td></tr>
<tr><td>5 分</td><td>3 分</td><td>1 分</td><td>0 分</td></tr>
<tr><td rowspan="2">高度差</td><td>≤ 1 mm</td><td>>1 mm，≤ 2 mm</td><td>>2 mm，≤ 3 mm</td><td>>3 mm</td></tr>
<tr><td>7 分</td><td>5 分</td><td>3 分</td><td>0 分</td></tr>
<tr><td rowspan="2">焊缝宽度</td><td>≤ 16 mm</td><td>>16 mm，≤ 17 mm</td><td>>17 mm，≤ 18 mm</td><td>>18 mm</td></tr>
<tr><td>5 分</td><td>3 分</td><td>1 分</td><td>0 分</td></tr>
<tr><td rowspan="2">宽度差</td><td>≤ 1 mm</td><td>>1 mm，≤ 2 mm</td><td>>2 mm，≤ 3 mm</td><td>>3 mm</td></tr>
<tr><td>7 分</td><td>5 分</td><td>3 分</td><td>0 分</td></tr>
<tr><td rowspan="2">咬边</td><td>无咬边</td><td>深度≤ 0.5 mm；长度≤ 10 mm</td><td>深度≤ 0.5 mm；10 mm< 长度≤ 20 mm</td><td>深度 >0.5 mm 或长度 >20 mm</td></tr>
<tr><td>10 分</td><td>7 分</td><td>5 分</td><td>0 分</td></tr>
<tr><td rowspan="2">气孔</td><td>无气孔</td><td>气孔直径≤ 1.5 mm；数目为 1 个</td><td>气孔直径≤ 1.5 mm；数目为 2 个</td><td>气孔直径 >1.5 mm 或数目 >2 个</td></tr>
<tr><td>6 分</td><td>4 分</td><td>2 分</td><td>0 分</td></tr>
<tr><td rowspan="2">焊缝外表成形</td><td>优</td><td>良</td><td>一般</td><td>差</td></tr>
<tr><td>10 分</td><td>7 分</td><td>4 分</td><td>0 分</td></tr>
<tr><td rowspan="8">背面</td><td>焊缝高度</td><td colspan="4">0 ~ 3 mm，5 分；>3 mm 或 <0，0 分</td></tr>
<tr><td>咬边</td><td colspan="4">无咬边，5 分；有咬边，0 分</td></tr>
<tr><td>气孔</td><td colspan="4">无气孔，5 分；有气孔，0 分</td></tr>
<tr><td rowspan="2">背面成形</td><td>优</td><td>良</td><td>一般</td><td>差</td></tr>
<tr><td>5 分</td><td>3 分</td><td>1 分</td><td>0 分</td></tr>
<tr><td>未焊透</td><td colspan="4">无未焊透，10 分；有未焊透，0 分</td></tr>
<tr><td>内凹</td><td colspan="4">无内凹 5 分；深度≤ 0.5 mm，每 2 mm 长扣 1 分（最多扣 5 分）；深度 >0.5 mm，0 分</td></tr>
<tr><td>焊瘤</td><td colspan="4">无焊瘤，5 分；有焊瘤，0 分</td></tr>
<tr><td colspan="2">安全文明生产</td><td colspan="4">合格 10 分；违反操作规程，视情况扣 1 ~ 10 分</td></tr>
</table>

骑座式管板焊评分标准

焊件外观	检查项目	焊缝等级、标准和配分			
		Ⅰ	Ⅱ	Ⅲ	Ⅳ
正面	焊脚尺寸	6 ~ 8 mm	>8 mm，≤ 9 mm	>9 mm，≤ 10 mm	>11 mm，<6 mm
		5 分	3 分	1 分	0 分
	焊脚尺寸差	≤ 1 mm	>1 mm，≤ 2 mm	>2 mm，≤ 3 mm	>3 mm
		7 分	5 分	3 分	0 分
	焊缝凸凹度	≤ 1.5 mm	>1.5 mm，≤ 1.6 mm	>1.6 mm，≤ 1.7 mm	>1.7 mm
		5 分	3 分	1 分	0 分
	咬边	无咬边	深度≤ 0.5 mm；长度≤ 10 mm	深度≤ 0.5 mm；10 mm< 长度≤ 20 mm	深度 >0.5 mm 或长度 >20 mm
		10 分	7 分	5 分	0 分
	气孔	无气孔	气孔直径≤ 1.5 mm；数目为 1 个	气孔直径≤ 1.5 mm；数目为 2 个	气孔直径 >1.5 mm 或数目 >2 个
		6 分	4 分	2 分	0 分
	焊缝外表成形	优	良	一般	差
		10 分	7 分	4 分	0 分
背面	焊缝高度	0 ~ 3 mm，5 分；>3 mm 或 <0，0 分			
	咬边	无咬边，5 分；有咬边，0 分			
	气孔	无气孔，5 分；有气孔，0 分			
	背面成形	优	良	一般	差
		5 分	3 分	1 分	0 分
	未焊透	无未焊透，10 分；有未焊透，0 分			
	内凹	无内凹 12 分；深度≤ 0.5 mm，每 2 mm 长扣 1 分（最多扣 12 分）；深度 >0.5 mm，0 分			
	焊瘤	无焊瘤，5 分；有焊瘤，0 分			
安全文明生产		合格 10 分；违反操作规程，视情况扣 1 ~ 10 分			